普通高等教育智能制造系列教材

智能检测技术与应用

主　编　孙福英　赵　元　杨玉芳
副主编　刘业峰　刘　洋　张丽娜
参　编　李　超　鲍君善　李进冬
主　审　李康举　公丕国

北京理工大学出版社
BEIJING INSTITUTE OF TECHNOLOGY PRESS

内 容 简 介

本书分为 4 个模块,系统地介绍了智能测量及测量技术的基础知识、测量机在线检测、三坐标测量技术与三坐标激光扫描的应用。检测设备的基础操作,包括检测设备的维护保养、检测设备的操作、操纵盒的使用、测头的校验、测量工件坐标系的建立;工件测量元素的方法,包括几何元素的测量方法、几何尺寸的测量方法、几何公差的测量、数模测量、迭代方法建立坐标系;激光扫描的应用及逆向设计基础,包括激光扫描测头的应用、激光扫描测头的主要特点、激光扫描测头的操作流程和 Geomagic studio 基本操作及基本流程。本书结合实例讲解测量的全部过程,并且采用项目、任务驱动式,方便进行项目教学,以实例操作,掌握应用技术,以技能训练,适于实训教学。

本书可作为应用型本科、高职高专机制、机电、智能制造、车辆工程等相关专业的教材,也可作为相关专业工程技术人员的参考书。

图书在版编目(CIP)数据

智能检测技术与应用 / 孙福英,赵元,杨玉芳主编. —北京:北京理工大学出版社,2020.6

ISBN 978-7-5682-8501-8

Ⅰ. ①智… Ⅱ. ①孙… ②赵… ③杨… Ⅲ. ①自动检测系统–新技术应用 Ⅳ. ①TP274

中国版本图书馆 CIP 数据核字(2020)第 089603 号

出版发行 / 北京理工大学出版社有限责任公司

社　　址 / 北京市海淀区中关村南大街 5 号

邮　　编 / 100081

电　　话 / (010) 68914775 (总编室)

　　　　　(010) 82562903 (教材售后服务热线)

　　　　　(010) 68948351 (其他图书服务热线)

网　　址 / http://www.bitpress.com.cn

经　　销 / 全国各地新华书店

印　　刷 / 涿州市新华印刷有限公司

开　　本 / 787 毫米×1092 毫米　1/16

印　　张 / 14.25　　　　　　　　　　　　　责任编辑 / 江　立

字　　数 / 335 千字　　　　　　　　　　　　文案编辑 / 赵　轩

版　　次 / 2020 年 6 月第 1 版　2020 年 6 月第 1 次印刷　　责任校对 / 刘亚男

定　　价 / 46.00 元　　　　　　　　　　　　责任印制 / 李志强

前　言

　　"智能检测技术与应用"是一门实用性和操作性较强的理实一体化课程。随着教育改革的深入，教学内容需要及时调整与更新，教学方法需要进一步提升。特别是该课程涉及标准化领域和计量学领域，更应将最新的国家标准和先进的智能检测技术及时地传授给学生。同时，教学中应针对创新型人才培养的需要，引入模块化结构体系，采用项目引入方式，调动学生学习的积极性和主动性，实现以教师为主导、以学生为中心的教学方法。

　　智能检测技术与应用在数字化工厂与车间总控、机器人、智能设备完美结合，主要解决了工厂、车间和自动生产线及产品制造领域实现的智能转化，完成了从手动方式到自动方式的优化蜕变。智能检测技术与应用是数字化工厂中智能输出数据的重要组合要素。

　　本书以模块-项目-任务式的结构组织全书内容，以项目为引领、以任务为驱动，配备相关的理论知识来构成项目化教学模块，从而优化教材内容。学生能够通过智能检测技术的学习，了解检测设备的测量原理、组成、特点及操作流程，掌握 PC-DMIS 软件的应用及测量机的使用方法，掌握零件坐标系的建立，掌握批量程序测量的先进测量技术。学生可以通过计算机控制窗口进行操作，使三坐标测量机与总控、机器人、单元总控进行联机，实现智能检测。通过"做中学、学中做、边学边做"来实施任务，实现理论知识与技能训练的统一，突出实践动手能力的培养，重视知识、能力、素质的协调发展。各项目的任务设置了"任务导入""知识链接""任务实施"和"知识拓展"环节，相关环节步步紧扣，高效地实施工作任务。本书贯彻最新的国家标准和行业标准，在引入相关精密测量仪器内容介绍的同时，项目内容也尽可能体现新知识、新方法、新工艺、新技术的应用，强调实用性、典型性和规范性。

　　本书的相关操作均取自现场实际操作，以图文并茂的方式呈现，步骤与图形一一对应，便于学生的自学与操作练习；同时，在编写结构上，模块之间相互独立，具有一定的灵活性，便于在教学过程中有针对性地进行训练。

　　本书可作为普通高等院校、高等职业技术学院和成人高等教育等层次的智能制造、机电类或相关专业的教学用书，也可供从事生产、科研工作的工程技术人员参考。

　　本书的编写分工如下：模块一由沈阳工学院孙福英，沈阳机床股份有限公司李超编写；模块二由沈阳工学院赵元、杨玉芳，沈阳新松机器人自动化股份有限公司鲍君善编写；模块三由沈阳工学院孙福英、刘洋、张丽娜编写；模块四由沈阳工学院刘业峰、孙福英，沈阳机床股份有限公司李进冬编写。

　　本书书稿承沈阳机床股份有限公司刘春时，沈阳新松机器人自动化股份有限公司王健，东北大学巩亚东教授，沈阳工学院李康举教授、公丕国教授精心审阅，他们提出了许多宝贵意见，在此表示衷心感谢。

　　由于编者水平有限，书中难免存在不足之处，欢迎读者提出宝贵建议。

编　者

2020 年 1 月

目 录

模块一 测量技术的相关知识

模块二 测量机的在线检测

模块三 三坐标测量技术技能训练项目

模块四　三坐标激光扫描测头的应用及逆向设计基础

模块一

测量技术的相关知识

 项目一

机械测量基础认知

了解机械产品质量检验的主要内容；

了解测量的定义及测量的种类；

掌握常用测量单位及其换算；

掌握标准量块的使用及查表方法。

学习任务	知识点
任务一　机械测量技术的基本认知	测量的定义及机械产品的质量检验
任务二　常用测量单位及其换算	常用测量单位及其换算
任务三　测量基准和量值传递	量值传递的标准；标准量块的使用及查表方法

任务一　机械测量技术的基本认知

机械测量技术是机械行业检验产品质量的重要手段。因此，了解测量的基本概念、标准量块的等级分类，掌握测量方法尤为重要。如图 1-1-1 为多种计量器具。

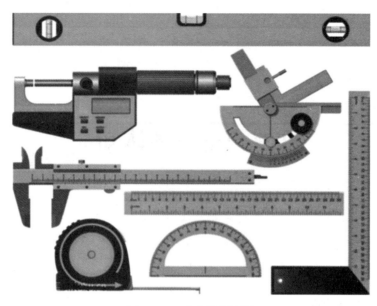

图 1-1-1　多种计量器具

知识链接

1. 测量的定义

判断产品是否满足设计的几何精度要求，通常有以下几种方式。

1）测量

测量就是为确定被测对象的量值而进行的实验过程。在这一过程中，将被测对象与标准量进行比较，并以被测量与单位量的比值及其准确度表达测量结果。例如，用游标卡尺测量轴径，就是将被测量对象（轴的直径）用特定测量方法（游标卡尺）与长度单位（毫米）相比较。若其比值为 30.62，且准确度为 ± 0.03 mm，则测量结果可表达为（30.62 ± 0.03）mm。测量四要素及其定义如表 1-1-1 所示。

表 1-1-1　测量四要素及其定义

测量要素	定　义
测量对象	主要指需要测量的几何量，包括长度、角度、表面粗糙度以及形位误差等
计量对象	用以度量同类量值的标准量。在长度计量中，单位为米（m）；在机械制造中，常用单位为毫米（mm）；在智能精密测量中，常用单位为微米（μm）；在角度测量中，常用单位为度、分、秒
测量方法	是指在进行测量时所采用的测量原理、测量器具和测量条件的总和。根据被测对象的特点，如精度、大小、轻重、材质、数量等来确定所用的计量器具
测量精度	是指测量结果与真值的一致程度。测量过程中不可避免地会出现测量误差，误差大说明测量结果离真值远，精确度低

2）测试

测试是指具有试验性质的测量，也可理解为试验和测量的全过程。

3）检验

检验是判断被测物理量是否在规定范围内的过程，一般来说，就是确定产品是否满足设计要求，即判断产品是否合格的过程，通常不要求测出具体数值。几何量检验即确定零件的实际几何参数是否在规定的极限范围内，并作出合格与否的判断过程。因此，检验也可理解为不要求知道具体数值的测量。

4）计量

计量是为实现测量单位的统一和量值的准确可靠而进行的测量。

2. 机械产品的质量检验

机械产品是工业产品的基础，其产品的用途极为广泛，涉及钢铁、机电、交通、运输、电工、电子、轻工、食品、石化、能源、采矿、冶炼、建筑、环保、医药、卫生、航空、海洋、军工、农业等各个领域。如图 1-1-2 为机械检测的过程。

图 1-1-2   机械检测的过程

1）机械产品质量检验的基本认知

机械产品无论其尺寸、形状、结构如何变化，它都是由若干分散的、不具有独立使用功能的制造单元（零件），或具有某种或某项局部功能的组件（部件），或具有综合性能的组装整体（整机）组成的。机械产品的用途千差万别，其结构性能也不尽相同。因此，在进行机械产品质量检验时，不但要对机械产品整机的综合性能进行评定，还必须对每个零件金属材料的化学成分（金属元素含量及非金属夹杂物含量）、显微组织以及材料（金属和非金属）的力学性能、尺寸、形状、位置和表面粗糙度等进行质量检验与测量。

2）机械产品质量检验的主要内容

机械产品的质量检验担负着生产过程中的特殊职能，它的任务是不但要挑出不良品，还应该对不良品产生的原因进行分析，寻找改进方案，采取预防措施，从根本上保证产品质量。质量检验包括宣传产品的质量标准，产品制造质量的度量，比较度量结果与质量标准的符合程度，作出符合性的判断，合格品的安排（转工序、入库），不良品的处理（返修、报废），数据记录（为产品质量的统计分析提供依据），数据整理和分析，以及提出预防不良品的方案，供决策者参考。

3）机械产品质量检验的分类

机械产品的质量检验贯穿了整个机械产品的生产过程（从原材料进厂到制造过程中的各种工序，最后到出厂）。企业根据自身的具体情况设置检验机构，形成一个工作系统，采取各种方法进行质量检验。当生产条件和检验目的不同时，其检验方法也不相同，根据不同的分类方法，检验可分为以下几种。

（1）按检验工作性质分类有：尺寸精度检验、外观质量检验、几何形状检验、位置精度检验、性能检验、可靠性检验、重复性检验、分析性检验。

（2）按工艺过程分类有：进厂检验、工序检验、入库检验。

（3）按检验地点分类有：定点检验和流动检验。

（4）按检验性质分类有：破坏性检验和非破坏性检验。

（5）按检验数量分类有：全数检验和抽样检验。

（6）按预防性检验分类有：首件检验、统计检验和频数检验。

（7）按人员责任分类有：自检、互检、专检。

4）机械产品质量检验的基本步骤

机械产品质量检验的基本步骤如图1-1-3所示。

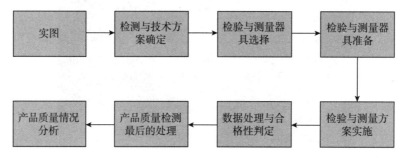

图1-1-3 机械产品质量检验的基本步骤

5）机械产品质量检验的相关制度

机械产品在生产过程中的三检制度如下。

（1）自检：由操作者对自己加工的产品按工艺文件要求进行检验并记录。

（2）互检：由工序组长或班长、工段长等，对自己管辖的生产工人加工的产品，是否符合工艺文件要求进行的检验；也可由班组长组织同工序人员检验对方加工的产品。

（3）专检：由企业质检部门的检验员完成，凡自检或互检不合格的产品不得交验，经检验不合格的产品标识或隔离。未经检验不合格的产品不得转工序或入库，凡转工序或入库的产品必须有检验人员签章的合格证明，凡没有检验合格的产品下道工序或库房保管应拒绝接收。

3. 测量方法的分类

测量方法是指在进行测量时所用的，按类别叙述的一组操作逻辑次序。按照不同的分类方法，测量方法可分为多种类型。测量方法的分类及其含义如表1-1-2所示。

表1-1-2 测量方法的分类及其含义

分类方法	测量方法	含 义	说 明
按实际测量是否为被测量划分	直接测量	直接测量是指直接从计量器具上获得被测量量值的测量方法	测量精度只与测量过程有关,如用游标卡尺测量轴的直径、用千分尺测量外尺寸等
	间接测量	间接测量是指通过直接测量与被测参数有已知关系的其他量而得到该被测量量值的测量方法	测量精度不仅取决于有关参数的测量精度,且与所依据的计算公式有关
	绝对测量	绝对测量是指被计量器具显示数值,即被测几何量的量值,如用测长仪测量零件,其尺寸由刻度尺直接读出	如用游标卡尺、千分尺、测长仪等测量轴径
	相对测量	相对测量也称比较测量,是指计量器具指示出被测几何量相对于已知标准量的偏差,测量结果为已知标准量与该偏差值的代数和	相对测量不能直接读出被测数值的大小,在实际测量工作中也称比较法或微差法,如用量块比较仪测量直径
按零件上被测量参数的多少划分	单项测量	单项测量是指分别测量工件各个参数的测量方法	如分析在加工过程中造成不良品的原因或者分别测量螺纹的中径、螺距和牙型半角
	综合测量	综合测量是指将被测零件的实际外轮廓与标准外轮廓相比较,同时对影响被测量零件质量的几个参数进行测量	综合测量能全面评定零件各个参数的综合误差,如用投影仪检验零件轮廓;用螺纹极限量规检验螺纹;用双啮仪来评定齿轮质量等
按被测工件表面与量仪之间是否有机械作用的测量力划分	接触测量	接触测量是指将量具或量仪的触端直接与被测零件表面相接触得到测量结果的方法	如用内径表测量孔径、外径千分尺测量圆柱体
	非接触测量	非接触测量是指量具或量仪测头与被测零件表面不直接接触,而是通过其他介质(光、气流等)与零件接触得到测量结果	如用光切显微镜测量零件表面粗糙度,即在投影仪上将放大了的零件轮廓图像与标准的图形相比较

续表

分类方法	测量方法	含　义	说　明
按被测量是否在加工过程中划分	在线测量	在线测量是指零件在加工过程中进行的测量	测量结果直接用来控制零件的加工过程，能及时防止和消灭废品，主要应用在自动生产线上
	离线测量	离线测量是指零件在加工完成后到检验站进行的测量	测量结果仅限于发现并剔出废品
按被测量或零件在测量过程中所处的状态划分	静态测量	测量时，被测表面与测量头是相对静止的，没有相对运动	如用千分尺测量零件的直径
	动态测量	测量时，被测表面与测量器具的测量头之间有相对运动，反映被测参数的变化过程	如用激光丝杆动态检查仪测量丝杆、用激光干涉比长仪测量线纹尺的精度
按决定测量结果的全部因素或条件是否改变划分	等精度测量	等精度测量是指决定测量精度的全部因素或条件都不变的测量，如使用同一计量器具、同一测量方法，对同一被测几何量所进行的测量	一般情况下都采用等精度测量
	不等精度测量	不等精度测量是指在测量过程中，有一部分或全部因素（或条件）发生改变	只运用于重要科研实验中的高精度测量

■■|\ 任务实施 ----

1. 解释下列名词：
（1）测量；
（2）检验；
（3）计量。

2. 分析讨论下列问题：
（1）请简述测量四要素的主要内容。
（2）机械产品质量检验的基本步骤有哪些？

■■|\ 知识拓展 ----

思考并讨论手动机械测量和智能机械测量有哪些优缺点？根据 i5 智能工厂谈谈你对测量的认知。

任务二　常用测量单位及其换算

任务导入

在测量几何量时，必须有统一的长度计量单位。因此，在实际测量中必须采用国际单位制，米（m）为长度的基本单位。

知识链接

我国国务院于1984年发布了《关于在我国统一实行法定计量单位的命令》，决定在采用国际单位制的基础上，我国计量单位一律采用《中华人民共和国法定计量单位》中规定的单位，其中将米（m）作为长度的基本单位，同时使用米的十进制倍数和分数的单位。在超精密测量中，长度计量单位采用纳米（nm）。米（m）、毫米（mm）、微米（μm）、纳米（nm）间的换算关系如下：

$$1 \text{ mm} = 10^{-3} \text{ m}; \quad 1 \text{ μm} = 10^{-3} \text{ mm}; \quad 1 \text{ nm} = 10^{-3} \text{ μm}$$

机械制造中常用的角的度量单位是度（°）、分（′）、秒（″）和弧度（rad）。用度作单位来测量角的制度称为角度制。若将整个圆周分为360等分，则每一等分弧所对的圆心角的角度即为1°；圆周一周所对的圆心角为360°。度、分、秒的关系采用60进位制，即$1° = 60′$，$1′ = 60″$。用弧度作单位来测量角的制度称为弧度制。与半径等长的弧所对的圆心角的弧度即为1 rad。圆周所对的圆心角为$2π$ rad，约等于6.283 2 rad。$1 \text{ μrad} = 10^{-6} \text{ rad}$。角度和弧度的换算关系如下：

$$1° = 0.017\ 453 \text{ rad}; \quad 1 \text{ rad} = 57.295\ 764°$$

在生产实际工作中，我们常会遇到英制长度单位的零件，如管子直径以英寸（in）作为基本单位，它与法定长度的换算关系是1 in = 0.025 4 m = 25.4 mm。

我国的市制长度单位是（市）里、丈、尺、分，如1里=150丈，1丈=10尺，1尺=10寸，1寸=10分。我国现行法定计量单位是国际制单位，市制单位已不再使用，此处只作了解。

任务实施

我国计量单位一律采用什么来作为长度计量单位？以什么作为基本单位？说出其换算关系。

任务三　测量基准和量值传递

▰▰▰▱ **任务导入** ----

国际上统一以米作为长度基准。在实际应用中，为了保证量值统一，必须把长度基准的量值准确传递到生产中应用的计量器具和被测工件上。

▰▰▰▱ **知识链接** ----

1. 长度基准与量值传递

国际上统一使用的公制长度基准是在 1983 年第 17 届国际计量大会上通过的，长度基准为米。米的定义：光于真空中在 1/299 792 458 s 的时间间隔内所行进的距离。为了保证长度测量的精度，还需要建立准确的量值传递系统。鉴于激光稳频技术的发展，一般用激光波长作为波长标准来复现"米"。

在实际应用中，不能直接将光波作为长度基准，长度基准的量值传递系统如图 1-1-4 所示。

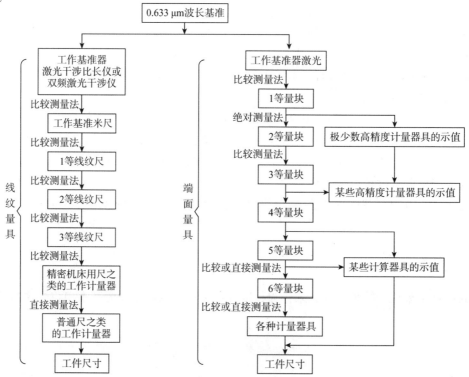

图 1-1-4　长度基准的量值传递系统

2. 角度基准与量值传递

角度也是重要的几何量之一，一个圆周角定义为360°，角度不需要像长度一样建立自然基准。但计量部门为了方便，仍采用多面棱体作为角度量值的基准。机械制造中的角度标准一般是角度量块、测角仪或分度头等。

多面棱体有4面、6面、8面、12面、24面、36面及72面等。以多面棱体作为角度基准的量值传递系统，如图1-1-5所示。

图 1-1-5　角度基准的量值传递系统

3. 量块

1）长度量块

长度量块是单值端面量具，其形状大多为长方体，其中一对平行平面为量块的工作表面，两工作表面的间距即为长度量块的工作尺寸。量块由特殊合金钢制成，耐磨且不易变形，工作表面之间或与平晶表面间具有可研合性，以便组成所需尺寸的量块组。

长度量块尺寸测量具有以下几个概念。

（1）标称长度：量块上标出的尺寸称为量块的标称长度 l_n。

（2）实际长度：量块长度的实际测得值称为量块的实际长度。实际长度分为中心长度 l_c 和任意长度 l。

（3）量块的长度变动量最大允许值：量块任意点长度的最大差值，即 $t_v = l_{max} - l_{min}$。

（4）量块的长度偏差：量块的长度实测值与标称长度之差。

长度量块的等级划分如下。

（1）长度量块的分级。根据国家计量局标准 JJG 146—2011《中华人民共和国国家计量检定规程量块》中的规定，各级量块测量面上任意点长度相对于标称长的极限偏差 t_e 和长度变动量最大允许值 t_v 的精度分为5级，即 K 级、0 级、1 级、2 级、3 级，其中 K 级的精度最高，依次精度降低，3 级的精度最低，具体数值见表1-3-1。

表 1-1-3　各级量块精度指标的最大允许值（摘自 JJG 146—2011）

标称长度 l_n/mm	K 级		0 级		1 级		2 级		3 级	
	$\pm t_e$	t_v	$\pm t_e$	t_v	$\pm t_e$	t_v	$\pm t_e$	t_v	$\pm t_e$	t_v
	最大允许值/μm									
$l_n \leq 10$	0.20	0.05	0.12	0.10	0.20	0.16	0.45	0.30	1.00	0.50
$10 < l_n \leq 25$	0.30	0.05	0.14	0.10	0.30	0.16	0.60	0.30	1.20	0.50
$25 < l_n \leq 50$	0.40	0.06	0.20	0.10	0.40	0.18	0.80	0.30	1.60	0.55
$50 < l_n \leq 75$	0.50	0.06	0.25	0.12	0.50	0.18	1.00	0.35	2.00	0.55
$75 < l_n \leq 100$	0.60	0.07	0.30	0.12	0.60	0.20	1.20	0.35	2.50	0.60

标称长度 l_n/mm	K 级		0 级		1 级		2 级		3 级	
	$\pm t_e$	t_v	$\pm t_e$	t_v	$\pm t_e$	t_v	$\pm t_e$	t_v	$\pm t_e$	t_v
	最大允许值/μm									
$100<l_n\leqslant150$	0.80	0.08	0.40	0.14	0.80	0.20	1.60	0.40	3.00	0.65
$150<l_n\leqslant200$	1.00	0.09	0.50	0.16	1.00	0.25	2.00	0.40	4.00	0.70
$200<l_n\leqslant250$	1.20	0.10	0.60	0.16	1.20	0.25	2.40	0.45	5.00	0.75

（2）长度量块的分等。根据 JJG 146—2011 中的规定，量块长度测量不确定度允许值和长度变动量精度分为 5 等，即 1 等、2 等、3 等、4 等、5 等，其中 1 等的精度最高，5 等的精度最低，具体数值见表 1-1-4。

表 1-1-4　各等量块精度指标的最大允许值（摘自 JJG 146—2011）

标称长度 l_n/mm	1 等		2 等		3 等		4 等		5 等	
	测量不 确定度	长度 变动量	测量不 确定度	长度 变动量	测量不 确定度	长度 变动量	测量不 确定度	长度 变动量	测量不 确定度	长度 变动量
	最大允许值/μm									
$l_n\leqslant10$	0.022	0.05	0.06	0.10	0.11	0.16	0.22	0.30	0.6	0.50
$10<l_n\leqslant25$	0.025	0.05	0.07	0.10	0.12	0.16	0.25	0.30	0.6	0.50
$25<l_n\leqslant50$	0.030	0.06	0.08	0.10	0.15	0.18	0.3	0.30	0.8	0.55
$50<l_n\leqslant75$	0.035	0.06	0.09	0.12	0.18	0.18	0.35	0.35	0.9	0.55
$75<l_n\leqslant100$	0.040	0.07	0.10	0.12	0.20	0.20	0.40	0.35	1.0	0.60
$100<l_n\leqslant150$	0.050	0.08	0.12	0.14	0.25	0.20	0.5	0.40	1.2	0.65
$150<l_n\leqslant200$	0.060	0.09	0.15	0.16	0.30	0.25	0.6	0.40	1.5	0.70
$200<l_n\leqslant250$	0.070	0.10	0.18	0.16	0.35	0.25	0.7	0.45	1.8	0.75

当量块按"级"使用时，应以量块的标称长度作为工作尺寸。该尺寸包含了量块的制造误差，不需要加修正值，使用较方便。

当量块按"等"使用时，应以量块检定书列出的实测中心长度作为工作尺寸，该尺寸排除了量块的制造误差，只包含检定量较小的测量误差。在测量上需要加入修正值，虽然过程较复杂，但可用制造精度较低的量块进行较精密的测量。因此，量块按"等"使用比按"级"使用的测量精度高。但由于按"等"使用较烦琐，且检定成本高，故在生产现场仍按"级"使用。

长度量块的尺寸组合可利用量块的研合性，根据实际需要，用多个尺寸不同的量块研合成所需要的长度标准量。为保证测量精度，一般不超过四块。量块是成套制成的，每套包括一定数量不同尺寸的量块。表 1-1-5 列出了 83 块和 46 块成套量块的标称尺寸构成。

表 1-1-5　83 块和 46 块成套量块的标称尺寸构成（摘自 GB/T 6093—2001）

总块数	尺寸系列/mm	间隔/mm	块数	总块数	尺寸系列/mm	间隔/mm	块数
83	0.5		1	46			
	1		1		1		1
	1.005		1		1.001 ~ 1.009	0.001	9
	1.01 ~ 1.49	0.01	49		1.01 ~ 1.09	0.01	9
	1.5 ~ 1.9	0.1	5		1.1 ~ 1.9	0.1	9
	2.0 ~ 9.5	0.5	16		2 ~ 9	1	8
	10 ~ 100	10	10		10 ~ 100	10	10

长度量块的尺寸组合一般采用消尾法，即下一量块应消去一位尾数，如尺寸 46.725 mm 使用 83 块成套的 4 块量块组合为 46.725 mm = 1.005 mm + 1.22 mm + 4.5 mm + 40 mm。

量块常作为传递的长度标准和计量仪器示值误差的检定标准，也可作为精密机械零件测量、精密机床和夹具调整时的尺寸基准。

2）角度量块

角度量块有三角形和四边形两种。三角形角度量块的工作角角度值为 10° ~ 79°，而四边形角度量块的工作角角度值为 80° ~ 100°。它们均可以用作角度测量的标准值。

◤◢◣ 任务实施

1. 我国长度计量测量的基准是什么？米的定义是什么？

2. 量块的作用是什么？其结构上有何特点？

3. 量块的"等"和"级"有何区别？说明按"等"和按"级"使用时，各自的测量精度如何？

◤◢◣ 知识拓展

1. 用 83 块成套的量块分别组成 59.98 mm、50.32 mm、40.105 mm 的尺寸。

2. 说明基准量块在长度测量中的其他使用方法。

项目二
测量误差分析与数据处理

项目目标

了解测量误差的概念及分析误差的来源；

掌握误差的分类；

掌握测量误差的合成和最小二乘法的应用；

掌握测量误差的处理，并能对等精度测量列的数据进行处理。

任务列表

学习任务	知识点
任务一　测量误差与测量精度	绝对误差和相对误差的概念；产生测量误差的来源；测量误差的分类
任务二　测量误差的合成及最小二乘法的应用	误差的合成，随机误差的合成，总的合成误差；最小二乘法应用的两种方法
任务三　测量误差的处理与等精度测量列的数据处理	测量误差处理方法；等精度测量列的数据处理步骤和方法

任务一　测量误差与测量精度

任务导入

在实际生产过程中，测量结果并非被测几何量的真值，它存在测量误差。因此，测量误差来源及分类的学习就很有必要，而测量的精度更是设计中必不可少的。

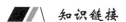 **知识链接**

1. 测量误差的概念

实际测得值，往往只是在一定程度上接近被测几何量的真值，它与被测几何量的真值之差称为测量误差。测量误差（误差）可以用绝对误差或相对误差来表示。

1）绝对误差

绝对误差是指被测几何量的测得值与其真值之差，即

$$\delta = x - x_0$$

式中，δ——绝对误差；

x——被测几何量的测得值；

x_0——被测几何量的真值。

绝对误差可能是正值，也可能是负值。被测几何量的真值可以表示为

$$x_0 = x \pm |\delta| \tag{1-2-1}$$

按照此式，可以由测得值和测量误差来估计真值存在的范围。测量误差越小，则被测几何量的测得值就越接近真值，即测量精度越高；反之，则表明测量精度越低。对于大小不相同的被测几何量，用绝对误差表示测量精度不便于观察，所以需要用相对误差来表示或比较它们的测量精度。

2）相对误差

相对误差是指绝对误差（取绝对值）与真值之比，即 $f = |\delta|/x_0$。由于 x_0 无法得到，因此在实际应用中常以被测几何量的测得值代替真值进行估算，则有

$$f \approx |\delta|/x \tag{1-2-2}$$

式中，f——相对误差。

相对误差是一个无量纲的数值，通常用百分比来表示。例如，测得两个孔的直径大小分别为 25.43 mm 和 41.94 mm，其绝对误差分别为 +0.02 mm 和 +0.01 mm，则由式（1-2-2）计算得到其相对误差分别为

$$f_1 = 0.02/25.43 = 0.078\ 6\%$$
$$f_2 = 0.01/41.94 = 0.023\ 8\%$$

显然后者的测量精度比前者高。

2. 测量误差的来源

由于测量误差的存在，测得值只能近似地反映被测几何量的真值。为减小测量误差，提高测量精度，需分析测量误差产生的原因。在实际测量中，产生测量误差的因素很多，归纳起来主要有以下 4 个方面。

1）计量器具的误差

计量器具的误差是计量器具本身的误差，包括计量器具的设计制造和使用过程中的误差，此时误差的总和反映在示值误差和测量的重复性上。

设计计量器具时，为了简化器具结构而采用近似设计的方法会产生测量误差。例如，当设计的计量器具不符合阿贝原则时也会产生测量误差。阿贝原则是指测量长度时，应使

被测零件的尺寸线（简称被测线）和量仪中作为标准的刻度尺（简称标准线）重合或顺次排成一条直线，这样测量才会得到精确的结果。

计量器具零件的制造和装配误差也会产生测量误差。例如，标尺的刻线距离不准确或指示表的分度盘与指针回转轴的安装有偏心等皆会产生测量误差。计量器具在使用过程中零件的变形等也会产生测量误差。此外，相对测量时使用的标准量块（如长度量块）的制造误差也会产生测量误差。

2）方法误差

方法误差是指测量方法的不完善，包括计算公式不准确，测量方法选择不当，工件安装、定位不准确等引起的误差。例如，在接触测量中，由于测头测量力的影响，使被测零件和测量装置发生变形而产生的测量误差。

3）环境误差

环境误差是指测量时的环境条件，如温度、湿度、气压、照明、振动、电磁场等，不符合标准的测量条件所引起的误差。例如，环境温度的影响：在测量长度时，规定的环境条件标准温度为 20 ℃，但是在实际测量时被测零件和计量器具的温度对标准温度均会产生或大、或小的偏差，而被测零件和计量器具的材料不同时它们的线性膨胀系数是不同的，这将产生一定的测量误差 δ，其大小可按下式进行计算，即

$$\delta = x\,[\,a_1(t_1 - 20) - a_2(t_2 - 20)\,]$$

式中，x——被测长度；

　　　a_1、a_2——被测零件、计量器具的线性膨胀系数；

　　　t_1、t_2——测量时被测零件、计量器具的温度（℃）。

4）人员误差

人员误差是测量人员人为的差错，如测量瞄准不准确、读数或估读错误等。

3. 测量误差分类

按测量误差的特点和性质，可将测量误差分为以下三类。

1）系统误差

系统误差是指在一定测量条件下，多次测取同一量值时，绝对值和符号均保持不变的测量误差，或者绝对值和符号按某一规律变化的测量误差。前者称为定值系统误差，后者称为变值系统误差。例如，在比较仪上用相对法测量零件尺寸时，调整量仪所用量块的误差就会引起定值系统误差；量仪的分度盘与指针回转轴偏心所产生的示值误差会引起变值系统误差。

根据系统误差的性质和变化规律，系统误差可以通过计算或实验对比的方法确定，用修正值（校正值）从测量结果中予以消除。但在某些情况下，系统误差由于变化规律比较复杂，不易确定，因而难以消除。

2）随机误差

随机误差是指在一定的测量条件下，多次测取同一量值，绝对值和符号以不可预测的方式变化的测量误差。随机误差主要由测量过程中一些偶然性因素或不确定因素引起。例如，量仪传动机构的间隙、摩擦、测量力的不稳定，以及温度波动等引起的测量误差，都属于随机误差。

对于一次测量而言，随机误差的绝对值和符号无法预先知道，但对于连续多次重复测量来说，随机误差符合一定的概率统计规律。因此，可以应用概率论和数理统计的方法来对它进行处理。

系统误差和随机误差的划分并不是绝对的，它们在一定条件下是可以相互转化的。例如，按一定基本尺寸制造的量块总是存在着制造误差，对某一具体量块来讲，可认为该制造误差是系统误差，但对一批量块而言，制造误差是变化的，所以也可以认为它是随机误差。在使用某一量块时，若没有检定该量块的尺寸偏差，而按量块标称尺寸使用，则制造误差属随机误差；若检定出该量块的尺寸偏差，按量块实际尺寸使用，则制造误差属系统误差。掌握误差转化的特点，可根据需要将系统误差转化为随机误差，用概率论和数理统计的方法来减小该误差的影响；或将随机误差转化为系统误差，用修正的方法减小该误差影响。

3）粗大误差

粗大误差是指超出在一定测量条件下预计的测量误差，即对测量结果产生明显歪曲的测量误差。含有粗大误差的测得值称为异常值，它的产生有主观和客观两方面的原因，主观原因如测量人员疏忽造成的读数误差，客观原因如外界突然振动引起的测量误差。由于粗大误差明显歪曲测量结果，因此在处理测量数据时，应根据判别，设法将其剔除。

4．测量精度种类

测量精度是指被测几何量的测得值与其真值的接近程度。它和测量误差是从两个不同角度说明测量的精确性。测量误差越大，则测量精度就越低；测量误差越小，则测量精度就越高。为了反映系统误差和随机误差对测量结果的不同影响，测量精度可分为以下几种：

1）正确度

正确度反映测量结果受系统误差的影响程度。系统误差小，则正确度高。

2）精密度

精密度反映测量结果受随机误差的影响程度。它是指在一定测量条件下连续多次测量所得的测得值之间相互接近的程度。随机误差小，则精密度高。

3）准确度

准确度反映测量结果同时受系统误差和随机误差的综合影响程度。若系统误差和随机误差都小，则准确度高。

对于一个具体的测量结果，若精密度高，则正确度不一定高；若正确度高，则精密度也不一定高；只有精密度和正确度都高的测量，准确度才高；若精密度和正确度当中有一个不高，准确度就不高。

任务实施

1．测量误差分为哪几类？产生各类测量误差的主要因素有哪些？

2．试说明系统误差、随机误差和粗大误差各自的特点和区别。

◤◢ 知识拓展

1. 在测量轴类零件时，分析轴的测量误差与测量精度的关系。
2. 对于一个具体的测得值，精密度和正确度是怎样的关系？请举例说明。

任务二　测量误差的合成及最小二乘法的应用

◤◢ 任务导入

在一个测量系统中，已知各环节的误差而求总的误差被称为合成误差。由于随机误差和系统误差的规律和特点不同，两种误差的处理方法也不同。因此引入最小二乘法对误差数据进行处理。最小二乘法在误差的处理中作为一种数据处理方法。

◤◢ 知识链接

1. 测量误差的合成

一个测量系统或一个传感器都是由若干部分组成的。设各环节为 x_1，x_2，$\cdots$，x_n，系统总的输入输出关系为 $y = f(x_1, x_2, \cdots, x_n)$，而各环节又都存在测量误差。各环节的测量误差对整个测量系统或传感器测量误差的影响就是误差的合成问题。若已知各环节的误差而求总的误差，叫作误差的合成；反之，总的误差确定后，确定各环节具有多大误差才能保证总的误差值不超过规定值，这一过程叫作误差的分配。

由于随机误差和系统误差具有不同的规律和特点，两种误差的合成与分配的处理方法也不同。

1）误差的合成

系统总输出与各环节之间的函数关系为

$$y = f(x_1, x_2, \cdots, x_n) \tag{1-2-3}$$

各环节定值系统误差分别为 Δx_1，Δx_2，$\cdots$，Δx_n，因为系统误差一般均很小，其误差可用微分来表示，故其合成表达式为

$$dy = \frac{\partial F}{\partial x_1} dx_1 + \frac{\partial F}{\partial x_2} dx_2 + \cdots + \frac{\partial F}{\partial x_n} dx_n$$

当计算实际误差时，以各环节的定值系统误差 Δx_1，Δx_2，$\cdots$，Δx_n 代替上式中的 dx_1，dx_2，$\cdots$，dx_n，即

$$\Delta y = \frac{\partial f}{\partial x_1} \Delta x_1 + \frac{\partial f}{\partial x_2} \Delta x_2 + \cdots + \frac{\partial f}{\partial x_n} \Delta x_n \tag{1-2-4}$$

式中，Δy 为合成后的总的定值系统误差。

2）随机误差的合成

设测量系统或传感器由 n 个环节组成，各部分的均方根偏差为 σ_{x_1}，σ_{x_2}，$\cdots$，σ_{x_n}，则随机误差的合成表达式为

$$\sigma_y = \sqrt{\left(\frac{\partial f}{\partial x_1}\right)^2 \sigma_{x_1}^2 + \left(\frac{\partial f}{\partial x_2}\right)^2 \sigma_{x_2}^2 + \cdots + \left(\frac{\partial f}{\partial x_n}\right)^2 \sigma_{x_n}^2}$$

其中，$y = f(x_1, x_2, \cdots, x_n)$ 为线性函数，即

$$y = a_1 x_1 + a_2 x_2 + \cdots + a_n x_n$$

$$\sigma_y = \sqrt{a_1^2 \sigma_{x_1}^2 + a_2^2 \sigma_{x_2}^2 + \cdots + a_n^2 \sigma_{x_n}^2}$$

如果 $a_1 = a_2 = \cdots = a_n = 1$，则

$$\sigma_y = \sqrt{\sigma_{x_1}^2 + \sigma_{x_2}^2 + \cdots + \sigma_{x_n}^2} \tag{1-2-5}$$

3）总合成误差

设测量系统和传感器系统误差和随机误差相互独立，则总的合成误差 ε 表示为

$$\varepsilon = \Delta y \pm \sigma_y \tag{1-2-6}$$

2. 最小二乘法的应用

最小二乘法在误差的数据处理中作为一种数据处理手段。通过最小二乘法获得最可信赖的测量结果，使各测量结果的残余误差平方和最小。在等精度测量和不等精度测量中，算术平均值或加权算术平均值最符合最小二乘法原理，因此可作为多次测量的结果。最小二乘法在组合测量的数据处理、实验曲线的拟合等方面均获得了广泛的应用。

例如，测量铂热电阻温度，铂热电阻的电阻值与温度之间函数关系式为

$$R_t = R_0(1 + \alpha t + \beta t^2)$$

式中，R_0、R_t 分别为铂热电阻在温度 $0\ ℃$ 和 $t\ ℃$ 时的电阻值；α、β 为电阻温度系数。

若在不同温度 t 条件下测得一系列电阻值，求电阻温度系数 α 和 β。

由于测量中不可避免地引入误差，要想求得一组最佳解，使 $R_t = R_0(1 + \alpha t + \beta t^2)$ 具有最小误差，通常的做法是使测量次数 n 大于所求未知量个数 $m(n > m)$，并采用最小二乘法原理进行计算。

方法1：线性方程组法

为方便讨论，我们用线性函数通式表示直接测量结果。假设 X_1，X_2，$\cdots$，X_m 为待求量，Y_1，Y_2，$\cdots$，Y_m 为直接测量结果，它们相应的函数关系式如下：

$$\begin{aligned} Y_1 &= a_{11}X_1 + a_{12}X_2 + \cdots + a_{1m}X_m \\ Y_2 &= a_{21}X_1 + a_{22}X_2 + \cdots + a_{2m}X_m \\ &\qquad\qquad\vdots \\ Y_n &= a_{n1}X_1 + a_{n2}X_2 + \cdots + a_{nm}X_m \end{aligned} \tag{1-2-7}$$

若 x_1，x_2，$\cdots$，x_m 是待求量 X_1，X_2，$\cdots$，X_n 最可信赖的值，又称最佳估计值，则相应的估计值亦有如下函数关系：

$$\begin{aligned} y_1 &= a_{11}x_1 + a_{12}x_2 + \cdots + a_{1m}x_m \\ y_2 &= a_{21}x_1 + a_{22}x_2 + \cdots + a_{2m}x_m \\ &\qquad\qquad\vdots \\ y_n &= a_{n1}x_1 + a_{n2}x_2 + \cdots + a_{nm}x_{nm} \end{aligned} \tag{1-2-8}$$

则相应的误差方程为

$$l_1 - y_1 = l_1 - (a_{11}x_1 + a_{12}x_2 + \cdots + a_{1m}x_m)$$
$$l_2 - y_2 = l_2 - (a_{21}x_1 + a_{22}x_2 + \cdots + a_{2m}x_m)$$
$$\vdots \qquad\qquad (1-2-9)$$
$$l_n - y_n = l_n - (a_{n1}x_1 + a_{n2}x_2 + \cdots + a_{nm}x_{nm})$$

式中，l_1，l_2，$\cdots$，l_n 为带有误差的实际直接测得值。

按最小二乘法原理，要获取最可信赖的结果 x_1，x_2，$\cdots$，x_m，则应使上述方程组的残余误差平方和最小，即

$$u_1^2 + u_2^2 + \cdots + u_n^2 = \sum_{i=1}^{n} u_i^2 = [u^2] = 最小$$

根据求极值条件，应使

$$\frac{\partial [u^2]}{\partial x_1} = 0$$

$$\frac{\partial [u^2]}{\partial x_2} = 0$$

$$\vdots$$

$$\frac{\partial [u^2]}{\partial x_m} = 0$$

将上述偏微分方程式整理，最后可写成

$$[a_1a_1] x_1 + [a_1a_2] x_2 + \cdots + [a_1a_m] x_m = [a_1l]$$
$$[a_2a_1] x_1 + [a_2a_2] x_2 + \cdots + [a_2a_m] x_m = [a_2l]$$
$$\vdots$$
$$[a_ma_1] x_1 + [a_ma_2] x_2 + \cdots + [a_ma_m] x_m = [a_ml]$$

上式即为等精度的线性函数最小二乘估计的正规方程。其中

$$[a_1a_1] = a_{11}a_{11} + a_{21}a_{21} + \cdots + a_{n1}a_{n1}$$
$$[a_1a_2] = a_{11}a_{12} + a_{21}a_{22} + \cdots + a_{n1}a_{n2}$$
$$\vdots \qquad\qquad (1-2-10)$$
$$[a_1a_m] = a_{11}a_{1m} + a_{21}a_{2m} + \cdots + a_{n1}a_{nm}$$
$$[a_1l] = a_{11}l_1 + a_{21}l_2 + \cdots + a_{n1}l_n$$

正规方程是一个 m 元线性方程组，当其系数行列式不为零时，有唯一确定的解，由此可解得最佳估计值 x_1，x_2，$\cdots$，x_m，即为符合最小二乘法原理的最佳解。

方法 2：矩阵法

将线性函数的最小二乘法转换为矩阵计算会有许多便利之处。将误差方程（1-2-9）用矩阵表示，即

$$\boldsymbol{L} - \boldsymbol{A}\hat{\boldsymbol{X}} = \boldsymbol{V} \qquad\qquad (1-2-11)$$

式中，系数矩阵为

$$A = \begin{pmatrix} a_{11} & a_{12} & \cdots & a_{1m} \\ a_{21} & a_{22} & \cdots & a_{2m} \\ \vdots & \vdots & & \vdots \\ a_{n1} & a_{n2} & \cdots & a_{nm} \end{pmatrix}$$

估计值矩阵为

$$\hat{X} = \begin{pmatrix} x_1 \\ x_2 \\ \vdots \\ x_m \end{pmatrix}$$

实际测量结果矩阵为

$$L = \begin{pmatrix} l_1 \\ l_2 \\ \vdots \\ l_n \end{pmatrix}$$

残余误差矩阵为

$$V = \begin{pmatrix} v_1 \\ v_2 \\ \vdots \\ v_n \end{pmatrix}$$

残余误差平方和最小这一条件的矩阵形式为

$$(v_1, \ v_2, \ \cdots, \ v_n) \begin{pmatrix} v_1 \\ v_2 \\ \vdots \\ v_n \end{pmatrix} = \text{最小} \tag{1-2-12}$$

即

$$V'V = \text{最小}$$

或

$$(L - A\hat{X})'(L - A\hat{X}) = \text{最小}$$

将上述线性函数的正规方程用残余误差表示，可改写成：

$$\begin{aligned} a_{11}v_1 + a_{21}v_2 + \cdots + a_{n1}v_n &= 0 \\ a_{12}v_1 + a_{22}v_2 + \cdots + a_{n2}v_n &= 0 \\ &\vdots \\ a_{1m}v_1 + a_{2m}v_2 + \cdots + a_{nm}v_n &= 0 \end{aligned} \tag{1-2-13}$$

写成矩阵形式为

$$\begin{pmatrix} a_{11} & a_{21} & \cdots & a_{n1} \\ a_{12} & a_{22} & \cdots & a_{n2} \\ \vdots & \vdots & & \vdots \\ a_{1m} & a_{2m} & \cdots & a_{nm} \end{pmatrix} = \boldsymbol{0} \qquad (1\text{-}2\text{-}14)$$

即

$$A'V = O \qquad (1\text{-}2\text{-}15)$$

由式（1-2-15）有

$$A'(L - A\hat{X}) = O$$

$$(A'A)\hat{X} = A'L$$

$$\hat{X} = (A'A)^{-1}A'L \qquad (1\text{-}2\text{-}16)$$

式中，$\hat{X}$——最小二乘估计的矩阵解。

▰▰▱\ 任务实施

1. 解释下列名词：
（1）测量误差的合成；
（2）误差的分配。
2. 讨论分析下列问题：
说明最小二乘法的原理，并指出其有哪几种计算方法。

▰▰▱\ 知识拓展

最小二乘法原理在误差的数据处理中作为一种数据处理方法，试说明此法在三坐标测量中的应用。

任务三 测量误差的处理与等精度测量列的数据处理

▰▰▱\ 任务导入

由于测量误差不可避免，那么消除或减小测量误差的影响，提高测量精度显得十分必要。等精度测量是指在测量条件不变的情况下，对某一被测几何量进行的连续多次的测量。在一般情况下，为了简化对测量数据的处理，大多采用等精度测量。

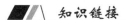

知识链接

1. 测量误差的处理

通过对某一被测几何量进行连续多次的重复测量，得到一系列的测量数据，即测量列，测量误差的处理也就是通过对该测量列进行数据处理来消除或减小测量误差的影响。

1）测量列中随机误差的处理

测量中的随机误差不可能被修正或消除，但可应用概率论与数理统计的方法，估计出随机误差的大小和规律，并设法减小其影响。

通过对大量的测试实验数据进行统计后发现，随机误差通常服从正态分布规律，其正态分布曲线如图1-2-1所示（图中横坐标 δ 表示随机误差，纵坐标 y 表示随机误差的概率密度）。

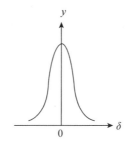

图1-2-1 正态分布曲线

正态分布的随机误差具有下面4个基本特性：

（1）单峰性：绝对值越小的随机误差出现的概率越大，反之则越小；

（2）对称性：绝对值相等的正、负随机误差出现的概率相等；

（3）有界性：在一定测量条件下，随机误差的绝对值不超过一定界限；

（4）抵偿性：随着测量的次数增加，随机误差的算术平均值趋于0，即各次随机误差的代数和趋于0。

正态分布曲线的数学表达式为

$$y = \frac{1}{\sigma\sqrt{2\pi}}e^{-\left(\frac{\delta^2}{2\sigma^2}\right)} \qquad (1-2-17)$$

式中，y——概率密度；

σ——标准偏差；

δ——随机误差；

e——自然对数的底。

从式（1-2-17）中可以看出，概率密度 y 的大小与随机误差 δ、标准偏差 σ 有关。当 $\sigma=0$ 时，概率密度 y 最大，即 $y_{max}=1/(\sigma\sqrt{2\pi})$，显然概率密度最大值 y_{max} 是随标准偏差 σ 变化的。标准偏差 σ 越小，分布曲线就越陡，随机误差的分布就越集中，表示的测量精度就越高。反之，标准偏差 σ 越大，分布曲线就越平坦，随机误差的分布就越分散，表示的测量精度就越低。随机误差的标准偏差 σ 的表达式为

$$\sigma = \sqrt{\frac{\sum \delta^2}{n}} \qquad (1-2-18)$$

式中，n 代表测量次数。

标准偏差 σ 是反映测量列中测得值分散程度的一项指标，它表示的是测量列中单次测量结果（任一测得值）的标准偏差。

随机误差具有有界性，因此随机误差的大小不会超过一定范围。随机误差的极限值 δ_{lim} 就是测量极限误差。

由概率论可知，正态分布曲线和横坐标轴间所包含的面积等于所有随机误差出现的概率总和，若随机误差区间落在（$-\infty$，$+\infty$）之间，则其概率为 1，即

$$p = \int_{-\infty}^{+\infty} y\mathrm{d}\delta = \int_{-\infty}^{+\infty} \frac{1}{\sigma\sqrt{2\pi}} \mathrm{e}^{-\frac{\delta^2}{2\sigma^2}} \mathrm{d}\delta = 1$$

但实际上随机误差区间落在（$-\infty$，$+\infty$）之间，其概率<1，即

$$p = \int_{-\infty}^{+\infty} y\mathrm{d}\delta < 1$$

为化成标准正态分布，便于求出 $p = \int_{-\infty}^{+\infty} y\mathrm{d}\delta$ 的积分值（概率值），其概率积分计算过程如下。

首先引入变量，即设

$$t = \frac{\delta}{\sigma}, \quad \mathrm{d}t = \frac{\mathrm{d}\delta}{\sigma}$$

则

$$p = \int_{-\delta}^{+\delta} y\mathrm{d}\delta = \int_{-\sigma t}^{+\sigma t} \frac{1}{\sigma\sqrt{2\pi}} \mathrm{e}^{-\frac{t^2}{2}} \sigma \mathrm{d}t = \frac{1}{\sqrt{2\pi}} \int_{-\sigma t}^{+\sigma t} \mathrm{e}^{-\frac{t^2}{2}} \mathrm{d}t$$

$$= \frac{2}{\sqrt{2\pi}} \int_{0}^{+\sigma t} \mathrm{e}^{-\frac{t^2}{2}} \mathrm{d}t \text{（对称性）}$$

再令 $p = 2\varPhi(t)$ 则有

$$\varPhi(t) = \frac{1}{\sqrt{2\pi}} \int_{0}^{+\sigma t} \mathrm{e}^{-\frac{t^2}{2}} \mathrm{d}t \qquad (1-2-19)$$

这就是概率积分。常用的 $\varPhi(t)$ 数值如表 1-2-1 所示。选择不同的 t 值，就对应有不同的概率，测量结果的可信度也不同。随机误差在 $\pm t\sigma$ 范围内出现的概率称为包含概率，t 称为包含因子。在几何量的测量中，通常取包含因子 $t=3$，则包含概率 $p = 2\varPhi(t) = 99.73\%$。亦即 δ 超出 $\pm 3\delta$ 的概率为 $1-99.73\% = 0.27\% \approx 1/370$。在实际测量中，测量次数一般不会超过百次，因此随机误差超出 3σ 的情况很少出现。所以取测量极限误差为 $\delta_{lim} = \pm 3\sigma$。$\delta_{lim}$ 也表示测量列中单次测量结果的测量极限误差。

表 1-2-1　常用的 $\Phi(t)$ 数值

t	$\delta = \pm t\sigma$	不超出 $|\delta|$ 的概率 $p = 2\Phi(t)$	超出 $|\delta|$ 的概率 $\alpha = 1 - 2\Phi(t)$
1	1σ	0.682 6	0.317 4
2	2σ	0.954 4	0.045 6
3	3σ	0.997 3	0.002 7
4	4σ	0.999 36	0.000 64

例如，某次测量的测得值为 30.002 mm，若已知标准偏差 $\sigma = 0.000\ 2$ mm，包含概率取 99.73%，则测量结果应为（30.002 ± 0.000 6）mm。

由于被测几何量的真值未知，所以不能直接计算求得标准偏差 σ 的数值。在实际测量时，当测量次数 N 充分大时，随机误差的算术平均值趋于零，便可以用测量列中各个测得值的算术平均值代替真值，并估算出标准偏差，进而确定测量结果。

在假定测量列中不存在系统误差和粗大误差的前提下，可按下列步骤对随机误差进行处理：

（1）计算测量列中各个测得值的算术平均值。设测量列的测量结果为 x_1，x_2，$\cdots$，x_n，则算术平均值为

$$\bar{x} = \frac{\sum\limits_{i=1}^{N} x_i}{N}$$

（2）计算残余误差 v_i，即测得值与算术平均值之差，一个测量列就对应着一个残余误差列，其表达式为

$$v_i = x_i - \bar{x}$$

残余误差（残差）具有两个基本特性：

①残余误差的代数和等于 $\sum v_i$ ；

②残余误差的平方和为最小，即 $\sum v_i^2$ 为最小。

由此可见，用算术平均值作为测量结果是合理可靠的。

（3）在实际应用中，常用贝赛尔公式计算标准偏差，即单次测量精度，贝塞尔公式为

$$\sigma = \sqrt{\frac{\sum\limits_{i=1}^{N} v_i^2}{N-1}}$$

若需要，可以写出单次测量结果表达式，即

$$x_{ei} = x_i \pm 3\sigma$$

（4）在一定测量条件下，对同一被测几何量进行多组测量，每组皆测量 N 次，则对应每组都有一个算术平均值，各组的算术平均值不相同。不过，它们的分散程度要比单次测量结果的分散程度小得多。描述它们的分散程度同样可以用标准偏差作为评定指标。根据误差理论，测量列算术平均值的标准偏差 $\sigma_{\bar{x}}$ 与测量列单次测量结果的标准偏差 σ 存在如下关系：

$$\sigma_{\bar{x}} = \frac{\sigma}{\sqrt{N}}$$

显然，多次测量结果的精度比单次测量结果的精度高，即测量次数越多，测量精度就越高。但图1-2-2中曲线也表明测量次数不是越多越好，一般取 $N>10$（约15次）为宜。

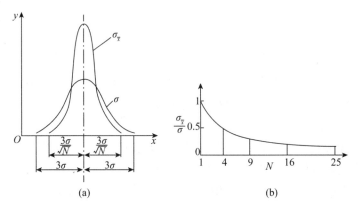

图1-2-2　σ 与 $\sigma_{\bar{x}}$ 的关系

（5）计算测量列算术平均值的测量极限误差，即

$$\delta_{\lim(\bar{x})} = \pm 3\sigma_{\bar{x}}$$

（6）写出多次测量结果的表达式，即

$$x_e = \bar{x} \pm 3\sigma_{\bar{x}}$$

最后可得包含概率为99.73%。

2）测量列中系统误差的处理

在实际测量中，系统误差对测量结果的影响是不能忽视的。揭示系统误差出现的规律性，消除系统误差对测量结果的影响，是提高测量精度的有效措施。

（1）发现系统误差的方法。在测量过程中产生系统误差的因素是复杂多样的，而查明所有的系统误差是很困难的事情，同时也不可能完全消除系统误差的影响。要想发现系统误差，就必须根据具体测量过程和计量器具进行全面而仔细的分析。下面介绍适用于发现某些系统误差常用的两种方法。

①实验对比法。实验对比法就是通过改变产生系统误差的测量条件，通过多次测量来发现系统误差。这种方法适用于发现定值系统误差。例如，量块按标称尺使用时，在测量结果中，就存在由于量块尺寸偏差而产生的大小和符号均不变的定值系统误差，重复测量也无法发现，只有通过另一块更高等级的量块进行对比测量，才能发现它。

②残差观察法。残差观察法是根据测量列的各个残差大小和符号的变化规律，直接由残差数据或残差曲线图形来判断有无系统误差，这种方法主要适用于发现大小和符号按一定规律变化的变值系统误差。根据测量先后顺序，将测量列的残差作图，如图1-2-3所示，观察残差的规律。若残差大体上正、负相间，又没有显著变化，就认为不存在变值系统误差，如图1-2-3（a）所示；若残差按近似的线性规律递增或递减，就可判断存在线性系统误差，如图1-2-3（b）所示；若残差的大小和符号有规律地周期变化，就可判断存在周期性系统误差，如图1-2-3（c）所示。

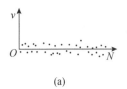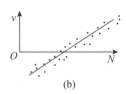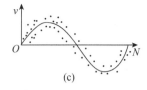

(a)　　　　　　　　　(b)　　　　　　　　　(c)

图1-2-3　变值系统误差的发现

（a）不存在变值系统误差；（b）存在线性系统误差；（c）存在周期性系统误差

（2）消除系统误差的方法。消除系统误差的方法有以下4四种。

①从产生误差根源上消除系统误差。通过测量人员对测量过程中可能产生系统误差的各个环节进行分析，并在测量前就将系统误差从产生根源上加以消除。例如，为了防止测量过程中仪器示值零位的变动，测量开始和结束时都需检查示值零位。

②用修正法消除系统误差。预先将计量器具的系统误差检定或计算出来，做出误差表或误差曲线，然后取与误差数值相同符号相反的值作为修正值，将测得值加上相应的修正值，即可使测量结果不包含系统误差。

③用抵消法消除定值系统误差。这种方法要求在对称位置上分别测量一次，以使这两次测量中测得的数据出现的系统误差大小相等，符号相反，取这两次测量中数据的平均值作为测得值，即可消除定值系统误差。例如，在显微镜上测量螺纹螺距时，为了消除螺纹轴线与量仪工作台移动方向倾斜而引起的系统误差，可分别测取螺纹左、右牙面的螺距，然后取它们的平均值作为螺距测得值。

④用半周期法消除周期性系统误差。对周期性系统误差，可以每隔半个周期进行一次测量，以相邻两次测量的数据的平均值作为一个测得值，即可有效消除周期性系统误差。

消除和减小系统误差的关键是找出误差产生的根源和规律。实际上，系统误差不可能完全消除。一般来说，系统误差若能减小到使其影响相当于随机误差的程度，则可认为系统误差已被消除。

3）测量列中粗大误差的处理

在测量中，粗大误差的数值相当大，应尽可能避免。如果粗大误差已经产生，则应根据判断粗大误差的准则予以剔除，通常用拉依达准则来判断。

拉依达准则又称3σ准则，它不适用于测量次数小于或等于10的情况。当测量列服从正态分布时，残差落在3σ外的概率很小，仅有0.27%，即在连续370次测量中只有一次测量的残差会超出$\pm3\sigma$，而实际上连续测量的次数绝不会超过370次，测量列中就不应该有超出$\pm3\sigma$的残差。因此，当出现绝对值大于3σ的残差时，即$|v_i|>3\sigma$，则认为该残差对应的测得值中含有粗大误差，应予以剔除。

2. 等精度测量列的数据处理

1）直接测量列的数据处理

为了从直接测量列中得到正确的测量结果，应按以下步骤进行数据处理。

（1）计算测量列的算术平均值（$\bar{x}$）和残差（v_i），以判断测量列中是否存在系统误差。如果存在系统误差，则应采取相应措施加以消除。

（2）计算测量列单次测量结果的标准偏差σ，判断是否存在粗大误差。若有粗大误差，则应剔除含有粗大误差的测得值，并重新组成测量列，再重复上述计算，直到将所有含粗大误差的测得值都剔除干净为止。

（3）计算测量列的算术平均值的标准偏差（$\sigma_{\bar{x}}$）和测量极限误差（$\delta_{\lim(\bar{x})}$）。

（4）给出测量结果表达式 $x_e = \bar{x} \pm \delta_{\lim(\bar{x})}$，并说明包含概率。

2）间接测量列的数据处理

在有些情况下，由于某些被测对象不能进行直接测量，这时需要采用间接测量的方法。间接测量是指通过测量与被测几何量有一定关系的几何量，按照已知的函数关系式计算出被测几何量的量值。因此，间接测量的被测几何量是测量所得到的各个实测几何量的函数，而间接测量的误差则是各个实测几何量误差的函数，故称这种误差为函数误差。

（1）函数及其微分表达式。在间接测量中，被测几何量通常是实测几何量的多元函数，其表达式为

$$y = F(x_1, x_2, x_3, \cdots, x_m)$$

式中，y——欲测几何量（函数）；

x_m——实测几何量。

函数的全微分表达式为

$$dy = \frac{\partial F}{\partial x_1} dx_1 + \frac{\partial F}{\partial x_2} dx_2 + \cdots + \frac{\partial F}{\partial x_m} dx_m$$

式中，dy——欲测几何量（函数）的测量误差；

dx_i——实测几何量的测量误差；

$\dfrac{\partial F}{\partial x_m}$——实测几何量的测量误差传递系数。

（2）函数的系统误差计算式。由各实测几何量测得值的系统误差，可近似得到函数（被测几何量）的系统误差表达式为

$$\Delta y = \frac{\partial F}{\partial x_1} \Delta x_1 + \frac{\partial F}{\partial x_2} \Delta x_2 + \cdots + \frac{\partial F}{\partial x_m} \Delta x_m$$

式中，Δy——欲测几何量（函数）的系统误差；

Δx_m——实测几何量的系统误差。

（3）函数的随机误差计算式。由于各实测几何量的测得值中存在着随机误差，实测几何量（函数）也存在着随机误差。根据误差理论，函数的标准偏差 σ_y 与各个实测几何量的标准偏差 σ 的关系为

$$\sigma_y = \sqrt{\left(\frac{\partial F}{\partial x_1}\right)^2 \sigma_{x_1}^2 + \left(\frac{\partial F}{\partial x_2}\right)^2 \sigma_{x_2}^2 + \cdots + \left(\frac{\partial F}{\partial x_m}\right)^2 \sigma_{x_m}^2}$$

式中，σ_y——欲测几何量（函数）的标准偏差；

σ_{x_m}——实测几何量的标准偏差。

同理，函数的测量极限误差公式为

$$\delta_{\lim(y)} = \pm \sqrt{\left(\frac{\partial F}{\partial x_1}\right)^2 \delta_{\lim(x_1)}^2 + \left(\frac{\partial F}{\partial x_2}\right)^2 \delta_{\lim(x_2)}^2 + \cdots + \left(\frac{\partial F}{\partial x_m}\right)^2 \delta_{\lim(x_m)}^2}$$

式中，$\delta_{\lim(y)}$——欲测几何量（函数）的测量极限误差；

$\delta_{\lim(x_m)}$——实测几何量的测量极限误差。

间接测量列数据处理的步骤如下。

①找出函数表达式 $y = F(x_1, x_2, x_3, \cdots, x_m)$；

②求出欲测几何量（函数）y；

③计算函数的系统误差 Δy；

④计算函数的标准偏差 σ_y 和函数的测量极限误差 $\delta_{\lim(y)}$；

⑤给出欲测几何量（函数）的结果表达式，即

$$y_e = (y - \Delta y) \pm \delta_{\lim(y)}$$

最后说明包含概率为99.73%。

3）等精度测量列的数据处理工程应用案例

例　对某一轴径 x 等精度测量 15 次，按测量顺序将各测得值、残差、残差的平方依次列于表 1-2-2 中，试求测量结果。

表 1-2-2　某一轴径 x 等精度测量的测得值、残差、残差的平方

测量序号	测得值 x_i/mm	残差（$v_i = x_i - \bar{x}$）/μm	残差的平方 v_i^2/μm²
1	34.959	+2	4
2	34.955	−2	4
3	34.958	+1	1
4	34.957	0	0
5	34.958	+1	1
6	34.956	−1	1
7	34.957	0	0
8	34.958	+1	1
9	34.955	−2	4
10	34.957	0	0
11	34.959	+2	4
12	34.955	−2	4
13	34.956	−1	1
14	34.957	0	0
15	34.958	+1	1
$\bar{x} = 34.957$ mm		$\sum v_i = 0$ μm	$\sum v_i^2 = 26$ μm²

解：①判断定值系统误差。假设计量器具已经检定且测量环境得到有效控制，可认为测量列中不存在定值系统误差。

②求测量列算术平均值，即

$$\bar{x} = \frac{\sum\limits_{i=1}^{N} x_i}{N} = 34.957 \text{ mm}$$

③计算残差，将各残差的数值经计算后列于表1-2-2中。按残差观察法，这些残差的符号大体上正、负相间，没有周期性变化，因此可以认为测量列中不存在变值系统误差。

④计算测量列单次测量结果的标准偏差，即

$$\sigma = \sqrt{\frac{\sum_{i=1}^{N} v_i^2}{N-1}} \approx 1.3 \ \mu m$$

⑤判断粗大误差。按拉依达准则，测量列中没有出现绝对值比3σ（$3 \times 1.3 \ \mu m = 3.9 \ \mu m$）大的残差，即测量列中不存在粗大误差。

⑥计算测量列算术平均值的标准偏差：$\sigma_{\bar{x}} = \dfrac{\sigma}{\sqrt{N}} \approx 0.35 \ \mu m$。

⑦计算测量列算术平均值的测量极限误差：$\delta_{\lim(\bar{x})} = \pm 3\sigma_{\bar{x}} = \pm 1.05 \ \mu m$。

⑧确定测量结果$x_e = \bar{x} \pm 3\sigma_{\bar{x}} = (34.957 \pm 0.001\,1) mm$，这时的包含概率为99.73%。

▰▰\ 任务实施 ----

1. 正态分布的随机误差具有哪4个基本特性？
2. 直接测量列的数据处理步骤有哪些？

▰▰\ 知识拓展 ----

在测量10个同一类型零件的内孔时，其测量结果分别是：17.955、17.945、17.965、18.015、17.955、17.950、17.970、17.980、17.940、17.945。试画出正态分布图，并分析误差类型及原因，写出调整方案。

模块二

测量机的在线检测

项目一
智能检测技术与控制技术基础

■■/\ **项目目标** - - - -

了解智能检测的概念、智能检测的含义、智能检测的特点；

了解智能控制系统功能及智能控制对象所具有的特点；

了解智能检测与控制系统的组成；

了解数据的采集与处理；

了解不断涌现的新型传感器；

掌握传感器的工作原理及种类。

■■/\ **任务列表** - - - -

学习任务	知识点
任务一 智能检测与智能控制的认识	智能检测含义及其特点
任务二 智能检测与控制技术的应用	数据采集与处理系统，传感器的工作原理及其种类

任务一 智能检测与智能控制的认识

■■/\ **任务导入** - - - -

智能检测是伴随着自动化技术、计算机技术、检测技术和智能技术的发展而形成的新研究领域，智能检测是未来检测技术的主要发展方向。

知识链接

1. 智能检测与控制技术概述

检测系统是信息获取的重要手段，是系统感知外界信息的"感官"，是实现自动控制、自动调节的前提和基础，它与信息系统的输入端相连，并将检测到的信号输送到信息处理部分，是感知、获取、处理与传输的关键。检测技术是关于传感器设计制造及应用的综合技术，也是一门由测量技术、功能材料、微电子技术、精密与微细加工技术、信息处理技术和计算机技术等相互结合形成的密集型综合技术。它是传感与控制技术、通信技术、计算机技术三大支柱之一。

检测与控制技术随着科学技术的发展而发展。现代工业经历了从手工作坊到机械化、自动化的历程，并从自动化向自治化、智能化的方向发展。随着生产设备机械化、自动化水平的提高，控制对象日益复杂。针对系统中表征设备工作状态参数多、参数变化快、子系统不确定性大等特点，人们对检测技术的要求也不断提高，从而促进了检测技术的发展。检测技术的发展经历了机械式仪表、普通光学机械仪表、电动量仪、自动监测和智能监控等几个阶段。在现代化工业生产和管理中，大量的物理量、工艺数据、特征参数需要进行实时的、自动的和智能的检测管理与控制，智能检测与控制技术以其测量速度快、高度灵活、智能化数据处理和多信息融合、自检查和故障诊断，以及检测过程中软件控制等优势，在各种工业系统中得到了广泛的应用。由于智能检测与控制系统充分利用了计算机及相关技术，实现了检测与控制过程的智能化和自动化，因此可以在最少人工参与下获得最佳的结果。智能检测与控制系统以微机为核心，以检测和智能化处理为目的，用以对被测过程的物理量进行测量，并进行智能化的处理和控制，从而获得精确的数据，包括测量、检验、故障诊断、信息处理和决策等多方面内容。随着人工智能原理和技术的发展，人工神经网络技术、专家系统、模式识别技术等在检测中的应用，更进一步促进了检测与控制智能化的进程，成为21世纪检测与控制技术的主要研究方向。

1）检测技术

检测就是指利用各种物理化学效应，选择合适的方法和装置，将生产、科研、生活中的有关信息通过检查与测量的方法赋予定性或定量结果的过程。它以自动化、电子、计算机、控制工程、信息处理为研究对象，以现代控制理论、传感技术与应用、计算机控制等为技术基础，以检测技术、测控系统设计、人工智能、工业计算机集散控制系统等技术为专业基础，同时与自动化、计算机、控制工程、电子与信息、机械等学科相互渗透，主要从事以检测技术与自动化装置研究领域为主体的，与控制、机械、信息科学等领域相关的理论与技术方面的研究。

对现代工业来说，任何生产过程都可以看作物流、能流和信息流的结合。其中信息流是控制和管理物流和能流的依据，而生产过程中的各种信息，如物料的几何与物理性能信息、设备的状态信息、能耗信息等都必须通过各种检测方法，利用在线或离线的各种检测设备拾取。将检测到的状态信息再经过分析、判断和决策，得到相应的控制信息，并驱动执行机构实现过程控制。因此，检测系统也是现代生产过程的重要组成部分。

2）智能的概念

智能及智能的本质是古今中外许多哲学家、脑科学家一直在努力探索和研究的问题，智能的发生、物质的本质、宇宙的起源和生命的本质一起被列为自然界四大奥秘。近些年来，随着脑科学、神经心理学等研究的进展，人们对大脑的结构和功能有了初步认识，但对整个神经系统的内部结构和作用机制，特别是脑的功能原理还没有完全认识清楚，有待进一步的探索。因此，很难对智能给出确切的定义。

一般认为，智能是指个体对客观事物进行合理分析、判断及有目的地行动和有效地处理周围环境事宜的综合能力。也有人认为智能是多种才能的总和。Thursleme 认为智能是由语言理解、用词流畅、数、空间、联系性记忆、感知速度及一般思维七种因子组成。

3）智能检测

智能检测包括两方面的含义：一方面，在传统检测控制基础上，引入人工智能的方式实现智能检测控制，提高传感检测控制系统的性能；另一方面，利用人工智能的思想、新型的检测方法控制系统。智能检测系统是以微机为核心，以检测和智能化处理为目的的系统，一般用于对被测过程中的物理量进行测量，并进行智能化处理，获得精确数据，通常包括测量检验、故障诊断、信息处理和决策等多方面内容。由于智能检测系统充分利用计算机及相关技术，实现了检调过程的智能化和自动化，所以可以在最少人工参与的条件下获得最佳的、最满意的结果。

智能检测系统具有如下特点。

（1）测量速度快。计算机技术的发展为智能检测系统的快速检测提供了有利条件，使其与传统的检测过程相比，具有更快的检测速度。

（2）高度灵活性。以软件为工作核心的智能检测系统可以很容易地进行设计生产、修改和复制，并且能够很方便地更改功能和性能指标。

（3）智能化数据处理。计算机可以方便快捷地实现各种算法，用软件对测量结果进行在线处理，从而可以提高测量精度，并且可以方便地实现线性化处理、算术平均处理及相关分析等信息处理。

（4）实现多信息数据融合。系统中配备有多个检测通道，由计算机对多个检测通道进行高速扫描采样，依据各种信息的相关特性，实现智能检测系统的多传感器信息融合，从而提高了检测系统的准确性、可靠性和容错性。

（5）自检查和故障诊断。系统可以根据检测通道的特性和计算机的本身自诊断功能，检查各单元的故障类型和原因，显示故障部位，并提示对应采取的故障排除方法。

（6）检测过程的软件控制。采用软件控制可以方便地实现自动极性判断、自校零与自校准、自动量程切换、自补偿、自动报警、过线保护、信号通道和采样方式的自动选择等功能。

此外，智能检测系统还具备人机对话、打印、绘图、通信、专家知识查询和控制输出等智能化功能。

4）智能控制

（1）基本概念。智能控制是指为了适应自动控制的发展，将人工智能的理论与技术运用到自动控制中，解决现实问题而形成的一门新兴学科。同时，它也是人工智能发展的研究内容和新的应用领域。智能控制与常规控制有着密切关系。常规控制往往包含在智能控制中，智能控制利用常规控制的方法来解决"低级"的控制问题。它力图扩充常规控制方法并建立一系列新的理论与方法，以解决更具挑战性的复杂控制问题。与常规控制相比较，智能控制系统具有以下几个功能。

①学习功能。智能控制系统能对一个过程或未知环境所提供的信息进行识别、记忆、学习，并能将得到的经验用 F 估计、分类、决策或控制，从而使系统的性能得到进一步改善，这种功能类似于人的学习过程。

②适应功能。从系统角度来看，系统的智能行为是一种从输入到输出的映射关系，是一种不依赖于模型的自适应估计，因此比传统的自适应控制有更好、更高层次的适应性能。有些智能控制系统，除了具有对系统输入/输出的自适应估计功能外，还具有系统故障诊断及故障修复功能。

③组织功能。系统对复杂的任务和各种传感器信息具有自行组织、自行协调的功能。它可以在任务要求范围内自行决策，出现多目标时可以适当地自行解决。因此，系统具有较好的主动性和灵活性。

（2）研究对象与内容。智能控制的研究对象主要是不确定的模型、高度的非线性模型和复杂的任务，智能控制的对象模型往往是未知或知之甚少的，模型结构和参数可能在很大的范围内变化；智能控制不仅可以解决常规控制理论能解决的问题，而且可以很好地解决非线性系统的控制问题。常规控制要么是恒值，要么随控制而变化，而智能控制系统任务的要求比较复杂，往往是多目标、多形式信息表现的综合。

根据智能控制对象所具有的特点，智能控制的基本研究内容大多包括以下 9 个方面。

①通过智能控制认识论和方法论的研究，探索人类的感知、判断、推理和决策的活动机理。

②对智能控制系统的基本结构模式分类，进行多层次系统模型的结构表达，学习自适应和自组织等概念的软分析和数学描述。

③根据实验数据和激励模型所建立的动态系统，能完成对不确定性系统的辨识、建模和控制。

④实施专家控制系统的技术方法。

⑤按控制系统的机构进行性质分析和稳定性分析。

⑥基于模糊逻辑和神经网络计算的智能控制技术。

⑦集成智能控制的理论和方法。

⑧基于多 Agent 的智能控制方法。

⑨智能控制在人工智能等领域的应用研究。

5）智能检测与控制系统的组成

智能检测与控制系统的结构随着控制对象、环境复杂性和不确定性程度的不同而变化。图 2-1-1 所示为智能检测与控制系统的基本结构，图中的广义对象包括一般的控制对象和外部环境。例如，在智能机器人系统中，机器人的手臂、移动载体、被操作的对象和其所处的工作环境统称为广义对象。而传感器则指将其中所需物理量等转换成计算机能处理的电信号的装置总称，在智能机器人系统中，有位置传感器、力传感器、接近传感器、里程计及视觉传感器等。感知信息处理是将传感器获得的各种信息进行处理，这种处理可以是单个传感器信息处理，也可能是包括多种传感器的信息融合处理。随着智能水平的提高，信息融合处理就显得更加重要。认识学习部分主要是接受和储备知识、经验和数据，并对它们进行分析、学习和推理，然后送到规划与控制决策部分。规划与控制决策部分根据给定的任务要求、反馈的信息及经验知识，进行自动搜索、推理决策、动作规划，最后经执行器作用于被控对象。通信接口部分不但要建立人机之间的联系，还要负责各模块之间的通信，以保证必要的信息传递。

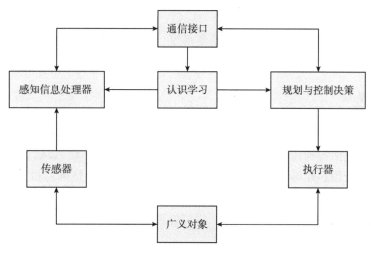

图 2-1-1　智能检测与控制系统的基本结构

任务实施

1. 解释下列名词：

（1）智能检测；

（2）智能控制。

2. 分析讨论下列问题：

（1）智能检测系统的特点有哪些？

（2）智能控制系统有什么功能？

（3）智能检测与控制系统的基本结构是什么？

知识拓展

试举一个常见的智能检测系统的例子，并说明它的工作原理与优势。

任务二 智能检测与控制技术的应用

在智能检测中，使用计算机的数据采集系统，可以成批存储或复制数据；使用计算机的信号处理系统，可以把一些仪器测出的曲线经过计算处理，得到某些特征数据等。

知识链接

智能检测系统和所有的计算机系统一样，由硬件、软件两大部分组成。智能检测系统的硬件部分主要包括各种传感器、信号采集系统、处理芯片、输入/输出接口与输出隔离动电路。其中，处理芯片可以是微型计算机（微机），也可以是单片机、DSP（数字信号处理器）等具有较强计算能力的芯片。

智能检测与控制技术常应用于数据采集与处理、生产控制、生产调度管理和智能检测系统中的传感器等方面。

1. 用于数据采集与处理

利用计算机把生产过程中有关参数的变化经过测量转换元件测出，然后集中保存或记录，或者及时显示出来，或者进行某种处理。例如，使用计算机的巡回检测系统，可以定时轮流对几十、几百甚至几千个参数进行测量显示（或打印）；使用计算机的数据采集系统，可以把数据成批存储或复制，也可以通过传输线路将数据送到中心计算机，通过计算机的信号处理系统，可以把一些仪器测出的曲线经过计算处理，得到某些特征数据等。

计算机数据采集与处理系统有离线和在线之分。离线数据采集与处理系统框图如图2-1-2所示。首先，仪器监视人员必须在规定的时间间隔内反复读出一个或多个测量仪器的数值，并把这些数据记录到有关表格内（或将这些数据存放到某种数据载体上）；其次，将其输入计算机进行处理；最后，得出计算结果并获得测量结果的记录。离线数据采集与处理的缺点是，一方面数据收集需要大量的人力；另一方面从读出测量结果到算出结果需较长时间。因此，测量数据收集的速度和范围受到极大的限制。

过程信号 → 数据采集 → 数据回收 → 数据处理 → 显示记录

图2-1-2 离线数据采集与处理系统框图

采用在线数据采集与处理，可以把测量仪器所提供的信号直接送入计算机进行处理、识别，并给出检测结果，这样可大大减少运行费用。图2-1-3所示为在线数据采集与处理系统框图。

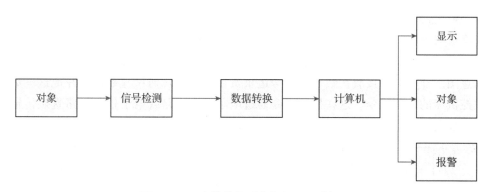

图 2-1-3 在线数据采集与处理系统框图

在线数据采集与处理时，计算机不直接参与过程控制，但其作用是很明显的。首先，在过程参数的测量和记录中，可以用计算机代替大量的常规显示和记录仪表，并对整个生产过程进行在线监视；其次，由于计算机具有运算、推理和逻辑判断能力，可以对大量的输入数据进行必要的集中、加工和处理，并能以有利于指导生产过程控制的方式表示出来，因此对生产过程控制有一定的指导作用；最后，计算机具有存储信息的能力，可预先存入各种工艺参数的极限值，在处理过程中能进行越限报警，以确保生产过程的安全。此外，这种方式可以得到大量的统计数据，有利于模型的建立。

2. 用于生产控制

智能检测与控制技术应用于生产控制时，包括有操作指导系统、顺序控制与数字控制系统、直线控制系统、前馈控制系统、监控系统、智能自适应控制系统和智能自修复系统。

1）操作指导系统

操作指导系统的示意图如图 2-1-4 所示。这种系统每隔一定时间，就会把测得的生产过程中某些参数值送入计算机，计算机按生产要求计算出应该采用的控制动作，并显示或打印出来，供操作人员参考。操作人员根据这些数据，并结合自己的实践经验，采取相应的操作。在此系统中，计算机不直接干预生产，只是提供参考数据。

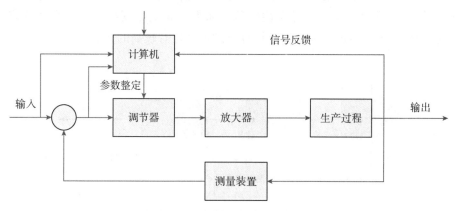

图 2-1-4 操作指导系统的示意图

2）顺序控制与数字控制系统

计算机对一台或多台生产设备或整个生产过程进行比较复杂的顺序控制，当其中某些动作有一定的数值要求时，这种控制就是数字控制。图2-1-5为采用计算机的开环数控系统的示意图。计算机直接放在数控机床旁边负责接收工件几何尺寸数据，并把这些数据转换成数控机床的控制指令。这些控制指令通过电子耦合线路或电子控制线路直接传输到数控机床的控制部分。

图2-1-5　采用计算机的开环数控系统的示意图

图2-1-6所示为采用计算机的闭环数控系统的示意图。闭环数控系统不仅具备机床的各种功能，还能够对工件进行测量，对几何尺寸数据的给定值和实测值进行比较，并根据比较结果发出控制指令传输给数控机床的控制部分。闭环数控系统具有加工精度高、刀具磨损小、对干扰不敏感的特点。

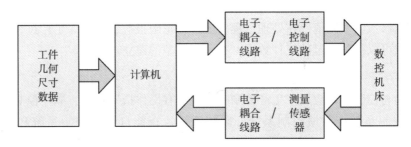

图2-1-6　采用计算机的闭环数控系统的示意图

3）直接控制系统

在直接控制系统中，计算机本身被用来代替反馈控制系统的控制部分，直接控制生产过程。采用计算机的直接控制系统的示意图如图2-1-7所示。在直接控制系统中由一台计算机控制少数几个参数是不合算的，通常以分时控制方式去控制十几个、几十个甚至上百个参数。直接控制系统的缺点是可靠性较差，如果计算机出现故障，整个系统将不能工作，因此在应用于连续生产过程时，对计算机的可靠性有较高的要求。

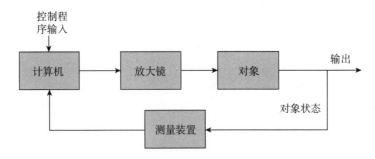

图2-1-7　采用计算机的直接控制系统的示意图

4）前馈控制系统

在前馈控制系统中，计算机代替前馈控制系统的控制部分。前馈控制系统的示意图如图 2-1-8 所示。计算机不断地观测生产过程变化，并产生相应的控制信号，送到控制器中。当然，一台计算机可以实时控制若干台控制器，计算机前馈控制系统的优点是可靠性比较高，即使计算机出现故障，系统也可以在常规控制器的控制下工作。

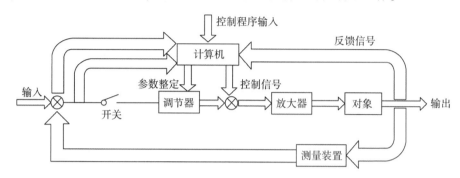

图 2-1-8　前馈控制系统的示意图

5）监控系统

监控系统与直接控制系统的区别在于：它不直接驱动执行机构，而是根据生产情况计算出某些参数的恒定值，然后去改变常规控制系统的给定值，即通过常规控制系统直接控制生产过程。因此，它多用于程序控制、比例控制、串级控制、精优控制，同时用于越限报警、事故处理。

6）智能自适应控制系统

智能自适应控制系统的示意图如图 2-1-9 所示，由于引入了智能推理与决策、智能辨识与估计模块，使系统的自适应能力得到了根本性改善。

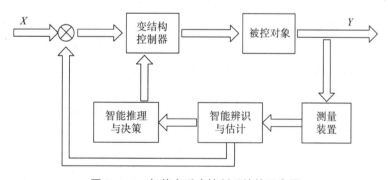

图 2-1-9　智能自适应控制系统的示意图

7）智能自修复系统

智能自修复系统对设备在运行过程中出现的故障，不但具有自诊断能力，而且具有自补偿、自消除和自修复能力。

3. 用于生产调度管理

通过智能检测与控制技术监制控制系统的变化，将出现的事故通过监测分站和监测线路传到地面监制主机，再通过网络传到调度台，调度员通过联网计算机能清楚地看到系统中各位置的情况，再根据具体情况进行生产调度。

4. 用于智能检测系统中的传感器

传感器是"能把特定的被测量信息按一定规律转换成某种具有可用信号输出的器件或装置"。可用信号是指用于处理与传输的信号，即把外界非电信息转换成电信号输出。随着科学技术的发展，传感器的输出信号更多的是光信号，因为光信号更便于快速、高效地处理与传输。

传感器作为智能检测系统的主要信息来源，其性能决定了整个检测系统的性能。传感器的工作原理多种多样、种类繁多，而且随着科技的发展还在不断地涌现新型传感器。目前，传感器可分为常用传感器、新型传感器和数字传感器。

1）常用传感器

常用传感器包括热电传感器、应变式传感器、电感式传感器、电容式传感器、压电式传感器、磁电式传感器、光电式传感器和超声波传感器。

（1）热电传感器。热电传感器是一种将温度转换成电量的装置，包括电阻式温度传感器、热电偶传感器、集成温度传感器等。

电阻式温度传感器是利用导体或半导体的电阻值随温度变化而变化的原理进行测温的。电阻式温度传感器分为金属热电阻和半导体热电阻两大类。一般把金属热电阻称为热电阻，而把半导体热电阻称为热敏电阻。目前，最常用的热电阻有铂热电阻和铜热电阻。铂热电阻的特点是精度高、性能稳定，工业上广泛应用铂热电阻进行−200～+850 ℃的温度测量；铜热电阻的电阻温度系数高，线性度好，且价格便宜，常用于一些测量精度要求不高且温度较低的场合，其测温范围为−50～+150 ℃，但其缺点是铜易氧化，热惯性大，不适宜在腐蚀性介质中或高温下工作。热敏电阻的电阻温度系数大，灵敏度高，尺寸小，响应速度快，电阻值范围大（0.1～100 kΩ），使用方便，但温度特性为非线性，互换性差，测温范围小，一般在−50～200 ℃。

热电偶传感器是工程上应用最广泛的温度传感器，它构造简单，使用方便，具有较高的准确度、稳定性及复现性，温度测量范围宽，为−200～+3 500 ℃，且动态性能好，在温度测量中占有重要的地位。

集成温度传感器利用晶体管 PN 结的电流电压特性与温度的关系，把感温 PN 结及有关的电子线路集成在一个小硅片上，构成一个专用集成电路芯片。该芯片具有体积小、反应快、线性好、价格低等优点，但受耐热性能和特性范围的限制，只能用来测量 150 ℃以下的温度。例如，AD590 是应用最广泛的一种集成温度传感器，它适用于 150 ℃以下的温度检测，且具有内部放大电路，再配上相应的外电路，可方便地构成各种应用电路。

（2）应变式传感器。应变式传感器的原理是利用电阻应变效应将应变转换成电阻的相对变化，是目前最常用的一种测量力和位移的传感器，在航空、船舶、机械、建筑等行业里获得广泛应用。

（3）电感式传感器。电感式传感器是基于电磁感应原理将被测量转换成电感量变化的装置。按照变换方式的不同，电感式传感器可分为两大类：一类是将被测量转换成传感器线圈电感系数的变化，有可变磁阻式和电涡流式两种形式；另一类是将被测量转换成传感器的初级线圈和次级线圈之间耦合程度的变化，由于它采用了变压器原理和差动结构，因而通常称之为差动变压器。

电感式传感器广泛应用于测量位移及能转换成位移的各种参量，如压力、流量、振动、加速度、密度和材料损伤等，电涡流式传感器还可进行非接触式连续测量。这种传感器能实现信息的远距离传输、记录、显示和控制，在工业自动控制系统中被广泛采用。

（4）电容式传感器。电容式传感器是将被测量转换成电容量变化的装置，它实质上是一个具有可变参数的电容器，广泛应用于压力、差压、液位、振动、位移、加速度和成分含量等方面的测量。随着电容测量技术的迅速发展，电容式传感器将会在非电量测量和自动检测中得到更广泛的应用。

（5）压电式传感器。压电式传感器的工作原理是利用某些材料的压电效应将力转变为电荷或电压输出，是典型的有源传感器。它也是一种可逆型传感器，既可以将机械能转换为电能，又可以将电能转换成机械能，在各种动态力、机械冲击与振动测量，以及声学、医学、力学、航天等方面都得到了非常广泛的应用。

（6）磁电式传感器。磁电式传感器是通过磁电作用将被测量转换为电信号的一种传感器，磁电式传感器包括磁电感应式传感器、霍尔式传感器等。

磁电感应式传感器是利用电磁感应原理将被测量（如振动、位移、转速等）转换成电信号，它不需要辅助电源，是一种有源传感器。由于它输出功率大且性能稳定，具有一定的工作频带（10~1 000 Hz），所以得到普遍应用。

霍尔式传感器是磁电式传感器的一种特殊形式，是基于霍尔效应的一种传感器，由于材料和制造工艺等的不同，其种类较多，有分立元件的，也有集成元件的。它输出的霍尔电压 U_H 正比于激励电流 I 和磁感应强度 B，广泛应用于电磁、压力、加速度、振动等的测量。

（7）光电式传感器。光电式传感器是利用光电元件将光能转换成电能的一种装置。光电元件也称光敏元件，其类型很多，但工作原理都是建立在光电效应这一基础上的。根据光电效应的不同机理，光电效应可分为光电子发射效应、光电导效应和光生伏特效应三类，相对应的光电式传感器有光电管、光敏电阻、光电池、光敏晶体管等。光电式传感器按输出量的性质可分为模拟量光电检测和开关量光电检测。模拟量光电检测是利用光电元件将被测量转换成连续变化的光电流；开关量光电检测是利用光电元件将被测量转换成断续变化的光电流，再通过测量电路输出开关量或数字信号。光电式传感器响应快、结构简单、使用方便，而且有较高的可靠性，因此，在检测、自动控制及计算机等方面应用非常广泛。

随着新型材料的开发、新技术的应用及制造工艺的改进，光电式传感器技术得到迅速发展，向着集成化、智能化方向迈进，出现了许多新型光电式传感器，如色敏传感器、光位置传感器、CCD 固态图像传感器等。

（8）超声波传感器。超声波传感器是利用超声波的传播特性进行工作的，其输出为电信号，已广泛应用于超声探伤及液位、厚度等的测量，且超声探伤是无损探伤的重要工具之一。

2）新型传感器

新型传感器包括光纤传感器、红外传感器、气敏传感器、生物传感器、机器人传感器和智能传感器。

（1）光纤传感器。光纤传感器技术是随着光导纤维实用化和光通信技术的发展而形成的一门崭新技术，其与传统的各类传感器相比有许多特点，如结构简单、体积小、灵敏度高、耐腐蚀、绝缘性好、耗电少、光路有可挠曲性、抗电磁干扰能力强，以及易于实现遥测等。

光纤传感器一般分为两大类：一类是利用光纤本身的某种敏感特性或功能制成的传感器，称为功能型传感器；另一类是光纤仅仅起传输光波的作用，必须在光纤端面或中间加装其他敏感元件才能构成传感器，这类传感器称为传光型传感器。无论哪种传感器，其工作原理都是利用被测量的变化调制传输光光波的某一参数，使其随之变化，然后对已调制的光信号进行检测，从而得到被测量。

光纤传感器可以测量多种物理量，目前已经使用的光纤传感器可测量的物理量达70多种，因此光纤传感器具有广阔的发展前景。

（2）红外传感器。红外传感器是将辐射能转换为电能的一种传感器，又称为红外探测器。常见的红外传感器有两大类，即热探测器和光子红外探测器。

热探测器的原理是利用入射红外辐射引起探测器的敏感元件的温度变化，进而使有关物理参数发生相应的变化，通过测量有关物理参数的变化来确定红外探测器吸收的红外辐射。热探测器的主要优点是响应波段宽，可以在室温下工作，使用方便。但是，热探测器响应时间长，灵敏度较低，一般用于光谱仪、测温仪、红外摄像等。

光子红外探测器是利用某些半导体材料在红外辐射的照射下产生光子效应使材料的电学性质发生变化，通过测量电学性质的变化，可以确定红外辐射的强弱。光子红外探测器的主要优点是灵敏度高、响应速度快、响应频率高，但一般需在低温下工作，探测波段较窄，通常用于测温仪、航空扫描仪、热像仪等。

红外传感器广泛用于测温、成像、成分分析和无损检测等方面，特别是在军事上的应用更为广泛，如红外侦察、红外雷达、红外通信和红外对抗等。

（3）气敏传感器。气敏传感器是指能将被测气体浓度转换为与其成一定关系的电量输出的装置，其具有如下性能：

①能够检测易爆炸气体的允许浓度、有害气体的允许浓度和其他基准设定浓度，并能及时给出报警、显示与控制信号；

②对被测气体以外的共存气体或物质不敏感；

③长期稳定性好、重复性好；

④动态特性好、响应迅速；

⑤使用、维护方便，价格便宜等。

（4）生物传感器。生物传感器是利用生物或生物物质做成的，是用以检测与识别生物体内的化学成分的传感器。生物或生物物质是指酶、微生物和抗体等，被测物质经扩散作用进入生物敏感膜，发生生物学反应，通过变换器将其转换成可定量传输、处理的电信号。

按照所用生物活性物质的不同，生物传感器包括酶传感器、微生物传感器、免疫传感器、生物组织传感器等。酶传感器具有灵敏度高、选择性好等优点，目前已实用化的商品有 200 种以上，但由于酶的提炼工序复杂，因而造价高，性能也不太稳定。微生物传感器与酶传感器相比，价格较便宜，性能也稳定，它的缺点是响应时间较长（数分钟）、选择性差。目前，微生物传感器已成功应用于环境监测和医学领域，如测定水污染程度、诊断尿毒症和糖尿病等。免疫传感器的基本原理是免疫反应，目前已研制成功的免疫传感器达几十种以上。生物组织传感器制作简便，工作寿命长，在许多情况下可取代酶传感器，但在实用化中还存在选择性差、动植物材料不易保存等问题。

目前，生物传感器的开发与应用正向着多功能化、集成化的方向发展。半导体生物传感器是将半导体技术与生物技术相结合的产物，为生物传感器的多功能化、小型化、微型化提供了重要的途径。

（5）机器人传感器。机器人传感器是一种能将被测量（或参量）变换为电量输出的装置，通过传感器实现类似于人类的知觉作用。机器人传感器分为内部检测传感器和外界检测传感器两大类。

内部检测传感器是机器人用来感知它自己的状态，以调整和控制机器人自身行动的传感器，通常由位置、加速度、速度及压力传感器组成。

外界检测传感器是机器人用以感受周围环境、目标物状态特征信息的传感器，其使机器人对环境有自校正和自适应能力，通常包括触觉、视觉、听觉、嗅觉、味觉等传感器。

（6）智能传感器。智能传感器是一种带有微处理器的，兼有信息检测、信息处理、信息记忆、逻辑思维与判断功能的传感器。

3）数字传感器

数字传感器是指能把被测模拟量直接转换成数字量输出的传感器。数字传感器是检测技术、微电子技术和计算机技术相结合的产物，是传感器技术发展的另一个重要方向。

数字传感器可分为三类：一是直接以数字量形式输出的传感器，如绝对编码器可以将位移量直接转换成数字量；二是以脉冲形式输出的传感器，如增量编码器光栅、磁栅和感应同步器可以将位移量转换成一系列计数脉冲，再由计数系统所计的脉冲个数来反映被测量的值；三是以频率形式输出的传感器，能把被测量转换成与之相对应的且便于处理的频率输出，因此第三类数字传感器也叫作频率式传感器。数字传感器在数控机床、自动化及计量和检测技术中应用广泛。

◢◤ 任务实施

1. 解释下列名词：传感器。

2. 讨论分析下列问题：

（1）传感器的种类及其原理有哪些？

（2）智能检测与智能控制的应用场合有哪些？

（3）新型传感器有哪几种？分别说明其特点。

◢◤ 知识拓展

三坐标测量机系统中所用的传感器是哪一种传感器？试说明其原理。

项目二

智能检测技术应用——在线三坐标自动测量系统

项目目标

了解在线检测的意义；

掌握在线检测系统的原理及功能。

任务列表

学习任务	知识点
任务　智能检测与智能控制的认识	在线检测系统的原理及功能

任务　智能检测与智能控制的认识

任务导入

在线检测就是通过直接安装在生产线上的设备，利用软测量技术实时检测、反馈产品信息，以便更好地指导生产，减少不必要的浪费。

工业生产过程常常伴随着物理反应、化学反应、生化反应、相变过程及物质和能量的转移、传递，因此工业生产过程是一个十分复杂的工业大系统，其本身就存在大量的不确定性和非线性因素。在生产过程中，通常伴随着十分苛刻的生产条件，如高温、高压、低温、真空、高粉尘和高湿度，有时甚至存在易燃、易爆或有毒物质，生产的安全性要求较高。同时，强调生产过程的实时性、整体性，各生产装置间还存在复杂的耦合、制约关系，要求从全局协调，以求整个生产装置运行平稳、高效。这种复杂特性使得在工业生产过程中很难建立起准确的数学模型。

近年来，随着科学技术的迅猛发展和市场竞争的日益激烈，为了保证产品的质量和经济效益，先进的控制系统纷纷被应用于工业生产过程中。然而，不管是在先进控制策略的应用过程中还是在对产品质量的直接控制过程中，一个最棘手的问题就是难以对产品的质量变量进行在线实时测量。受工艺、技术或者经济的限制，一些重要的过程参数和质量指标甚至难以通过硬件传感器在线检测。目前，工业生产过程中通常采用定时离线分析方法，即每隔一段时间进行一次采样，并送化验室进行人工分析，然后根据分析值来指导生产。由于时间滞后大，该方法远远不能满足在线控制的要求。

在线检测技术正是为了解决实时测量和控制问题而逐渐发展起来的。在线检测技术，源于推理控制中的推理估计器，即采集某些容易测量的变量（也称二次变量或辅助变量），并构造一个以这些易测变量为输入的数学模型来估计难测的主要变量（也称主导变量），从而为过程控制、质量控制、过程管理与决策等提供支持，也为进一步实现质量控制和过程优化奠定基础。在线检测技术已是现代流程工业和过程控制领域关键技术之一，它的成功应用将极大地推动在线质量控制和各种先进控制策略的实施，使生产过程控制得更加理想，对推进智能制造，实现无人生产、精益生产、准时制生产具有重大意义。

▰▰▱ 知识链接 ----

在智能制造生产过程中，零部件尺寸的稳定性对质量控制和生产效率至关重要。在线测量设备能及时发现和辅助分析生产过程中潜在或出现的问题，对质量管理和高效生产意义重大。目前，主流柔性生产工艺的稳定性监控对在线测量设备的要求具有足够高的测量速度、精度以及良好的可靠性、柔性和现场适应性。传统的测量设备在测量速度、测量环境等方面都难以满足需要。图2-2-1中的在线三坐标自动测量系统以自动运行检测的方式运行，用于自动生产线中批量控制产品相应位置关键特征尺寸的设备。生产线采用搬运机

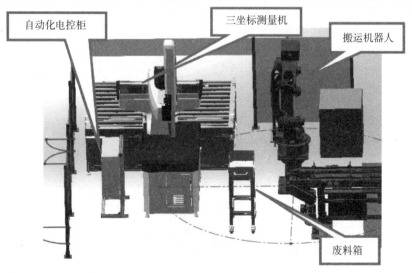

图2-2-1　在线三坐标自动测量系统

器人上下料。

1. 硬件组成

在线三坐标自动测量系统主要包括三坐标测量机、作为测量机控制器的计算机、自动化电控柜、用于上下料的通用搬运机器人及废料箱。

作为测量设备，三坐标测量机不仅具有高精度的长度基准，而且还具有空间坐标值的读出和控制系统。现在三坐标测量机应用最广泛的长度基准是光栅，其后续的空间坐标值的读出和控制系统包括光栅读数模块、光栅信号处理模块和接口控制模块，其光栅读数测头输出的信号经过后续电路的处理（如放大整形、细分、方向、计数等），通过接口电路输入计算机进行数据处理。三坐标测量机一般将放大整形、电阻链六细分等放在一个卡中处理；将辨向电路、四细分电路、计数电路和接口电路放在另外一个卡中处理，一般称为接口卡，并与计算机直接相连。

该搬运机器人是垂直串联6轴的工业机器人，它是面向工业领域的多关节、多自由度的机器装置，能自动执行工作，是靠自身动力和控制能力来实现各种功能的一种机器设备。它可以接受人类指挥，也可以按照预先编排的程序运行，配合多样化的夹具，可以完成不同种类的工件上下料搬运任务。

自动化电控柜是为了实现整个系统的自动化运行，并能够融合进智能加工单元而设立的，其主要元件包括PLC（可编程逻辑控制器）、电磁阀、串行通信接口等。

2. 在线三坐标自动测量系统功能

在线三坐标自动测量系统的主要功能是实现工件的自动化测量及上下料，在检测生产质量并甄别正品、废品的同时将测量数据生成质检报告，反馈给制造执行系统（MES），这样就实现了智能制造的在线测量，并配合制造执行系统进行生产控制。

在整个生产单元中，在线三坐标自动测量系统作为一个组成部分，工作流程由生产单元总控进行控制，系统结构图如图2-2-2所示。

图2-2-2　系统结构图

整个在线三坐标自动测量系统的运行流程图如图2-2-3所示。

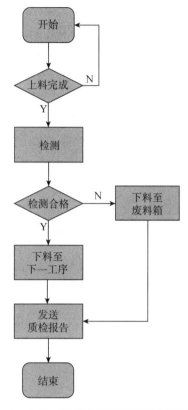

图 2-2-3　在线三坐标自动测量系统的运行流程图

1）开始

当成品从加工区经过传送料道运送至测量区后，成品到达取料位。工件阻挡了光电对射开关，对射开关发出触发信号。生产单元总控告知搬运机器人和自动化电控柜 PLC 准备开始测量。搬运机器人开始取料，准备给三坐标测量机上料，而自动化电控柜 PLC 则控制电磁阀将三坐标测量机的气动夹具打开，准备完成后允许搬运机器人上料。

2）上料完成

搬运机器人上料后，工件被放置在夹具上，夹具上的接近开关发出触发信号。自动化电控柜 PLC 控制电磁阀换向，夹具夹紧工件。气动夹具上的气缸到位后，到位开关发出夹具夹紧的信号，则自动化电控柜 PLC 认为上料完成。

3）检测

上料完成后，自动化电控柜 PLC 通知三坐标测量机的控制器，即计算机开始测量。计算机根据生产单元总控告知的工件类型调用对应的测量程序。

4）检测合格

测量程序运行结束后，三坐标测量机得到检测结果。根据测量程序中设置的超差量对比，确认工件是否合格，同时生成质检报告。

5）下料至废料箱

若工件不合格，则自动化电控柜 PLC 通知生产单元总控，控制搬运机器人将工件下料至废料箱。下料过程信号交互与上料过程相反，即自动化电控柜 PLC 首先控制电磁阀打开夹具，夹具张开到位后通知搬运机器人允许下料。

6）下料至下一工序

若工件合格，则自动化电控柜 PLC 通知生产单元总控，控制搬运机器人将工件下料并搬运至下一工序。

7）发送质检报告

本次生产任务结束后，生产单元总控向 MES 报告。此时通知自动化电控柜 PLC，请求发送质检报告。自动化电控柜 PLC 则控制计算机，由计算机搭载的三坐标测量机程序向 MES 发送质检报告。

3. 软件组成

在线三坐标自动测量系统控制器为自动化电控柜 PLC，程序为 PLC 梯形图。它与生产单元总控之间的信号交互主要是高电平触发信号。而三坐标测量机本身的控制由搭载对应控制软件（PCC-Control）的计算机来负责。在线三坐标自动测量系统向 MES 发送质检报告也是由计算机根据 TCP（传输控制协议）/IP（网际互联协议）通过生产单元总控向 MES 服务器发送数据。

任务实施

1. 解释下列名词：
在线检测

2. 讨论分析下列问题：

（1）在线检测的特点及意义是什么？

（2）在线三坐标自动测量系统是否可以不经过上层控制器（生产单元总控）而独立控制运行？

知识拓展

在线三坐标自动测量系统当中有许多传感器用于检测反馈信号，以实现自动控制。它们属于哪种传感器？试讨论它们是否可以用其他种类的传感器来替代？

模块三

三坐标测量技术技能训练项目

项目一
轴承端盖的测量

■/\ 项目目标 ----

了解三坐标测量机系统的种类、结构及原理；

掌握三坐标测量机的维护和保养规程；

熟练掌握测头的选择和校验测头的方法；

熟练掌握几何特征的手动测量方法；

能根据图纸，手动测量轴承端盖的平面、圆、圆柱等几何特征的参数。

■/\ 任务列表 ----

学习任务	知识点
任务一　三坐标测量机的简介	三坐标测量机系统的种类、结构和原理
任务二　三坐标测量机的准备工作	三坐标测量机的工作环境，掌握测量机的维护保养规程
任务三　轴承端盖中测量测头的选择和校验	测头选择的步骤，校验测头的方法
任务四　轴承端盖几何特征的手动测量	几何特征的测量方法，手动测量几何特征类型测点分布和测量点数
任务五　轴承端盖的实际测量	手动测量轴承端盖的步骤及方法，合理安排测量计划

任务一　三坐标测量机的简介

■/\ 任务导入 ----

三坐标测量机能在计算机控制下完成各种复杂的测量操作，并对加工中的零件实现在线质量控制。

■■/\ 知识链接 ····

1. 三坐标测量机

三坐标测量机（Coordinate Measuring Machine，CMM）是 20 世纪 60 年代发展起来的一种新型、高效、多功能的精密测量仪器。它的出现，一方面是由于自动机床、数控机床高效率加工，以及越来越多的复杂形状零件加工需要快速、可靠的测量设备与之配套；另一方面是由于电子技术、计算机技术、数字控制技术及精密加工技术的发展为坐标测量机的产生奠定了技术基础。1963 年，海克斯康公司研制出世界上第一台龙门式三坐标测量机，如图 3-1-1 所示。

图 3-1-1　世界上第一台龙门式三坐标测量机

三坐标测量机不仅能在计算机控制下完成各种复杂测量，还可以通过与数控机床交换信息，实现在线检测加工中零件的质量控制，并且根据测量的数据实现逆向工程。图 3-1-2 为现代三坐标测量机的典型代表。

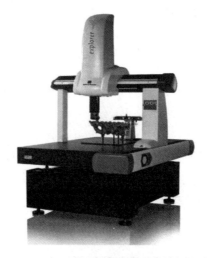

图 3-1-2　现代三坐标测量机的典型代表

目前，CMM已广泛用于机械制造业、汽车工业、电子工业、航空航天工业和国防工业等各行业，成为现代工业检测和质量控制不可缺少的测量设备。

2. 三坐标测量机的原理

三坐标测量技术的原理为：任何形状都是由空间点组成的，所有的几何量测量都可以归结为空间点的测量，因此精确进行空间点坐标的采集，是评定任何几何形状的基础。

三坐标测量机的基本原理是将被测零件放入允许的测量空间，精确地测出被测零件表面的点在空间三个坐标位置的数值，将这些点的坐标数值经过计算机数据处理，拟合形成测量元素，如圆、球、圆柱、圆锥、曲面等，再经过数学计算的方法得出其形状、位置公差及其他几何量数据。

3. 三坐标测量机的分类

三坐标测量机发展至今已经历了若干个阶段，从数字显示及打印型，到带有小型计算机型，直到目前的计算机数字控制（CNC）型。三坐标测量机的分类方法很多，包括以下几类，其中最常见的是按结构形式分类。

1）按结构形式分类

按照结构形式分类，三坐标测量机可分为移动桥式、固定桥式、龙门式和水平臂式等。不论结构形式如何变化，三坐标测量机都是建立在具有三根相互垂直轴的正交坐标系基础之上的。

2）按测量范围分类

按照测量范围分类，可将三坐标测量机分为小型、中型与大型三类。

3）按测量精度分类

按照测量精度分类，可将三坐标测量机分为低精度、中等精度和高精度三类。

4. 三坐标测量机的常用结构形式

坐标测量机的机械结构最初是在精密机床基础上发展起来的。例如，美国Moore公司的坐标测量机就是由"坐标镗→坐标磨→坐标测量机"逐步发展而来的；瑞士的SIP公司的坐标测量机是在"大型万能工具显微镜→光学三坐标测量仪"的基础上逐步发展起来的。这些坐标测量机的结构都是没有脱离精密机床及传统精密测试仪器的结构。另外，三坐标测量机还可分为直角坐标测量机（固定式测量系统）与非正交系坐标测量机（便携式测量系统）。

直角坐标测量机的空间补偿数学模型较为成熟，具有精度高、功能完善等优势，因而在中小工业零件的几何量检测中占有重要地位，以下主要介绍这种结构。

三坐标测量机的结构形式主要取决于三组坐标轴的相对运动方式。常用的直角坐标测量机结构有移动桥式、固定桥式、水平悬臂移动式、龙门式四类结构，这四类结构都有互相垂直的三根轴及其导轨，坐标系为正交直角坐标系。

1) 移动桥式结构测量机

移动桥式结构测量机由四部分组成：工作台、桥架、滑架、Z轴。其结构如图3-1-3（a）所示，其模型如图3-1-3（b）所示。

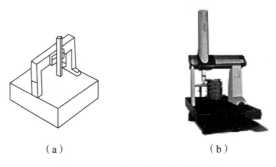

（a）   （b）

图3-1-3 移动桥式结构测量机

（a）结构；（b）模型

移动桥式结构测量机的桥架可以在工作台上沿着导轨前后平移，滑架可沿桥架上的导轨沿水平方向移动，Z轴则可以在滑架上沿上下方向移动，测头安装在Z轴下端，随着X、Y、Z的三个方向平移接近安装在工作台上的工件表面，完成采点测量。

移动桥式结构是目前三坐标测量机应用最为广泛的一类坐标测量结构，是目前中小型测量机主要采用的结构类型，其结构简单、紧凑，开放性好，工件装载在固定平台上不影响测量机的运行速度，工件质量对测量机动态性能没有影响，因此承载能力较大，且测量机本身具有台面，受地基影响相对较小，精度比固定桥式结构稍低。移动桥式结构测量机的缺点是桥架单边驱动，前后方向（Y方向）光栅尺布置在工作台一侧，Y方向有较大的阿贝臂，会引起较大的阿贝误差。

2) 固定桥式结构测量机

固定桥式结构测量机由四部分组成：基坐台（含桥架）、移动工作台、滑架、Z轴。其结构如图3-1-4（a）所示，其模型如图3-1-4（b）所示。

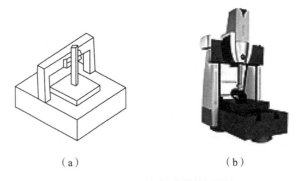

（a）   （b）

图3-1-4 固定桥式结构测量机

（a）结构；（b）模型

固定桥式结构测量机与移动桥式结构测量机类似，主要的不同是，在移动桥式结构测量机中，工作台固定不动，桥架在工作台上沿前后方向移动，而在固定式结构测量机中，移动工作台承担了前后移动的功能，桥架固定在机身中央不做运动。

高精度测量机通常采用固定桥式结构。固定桥式结构测量机的优点是结构稳定，整机刚性强，中央驱动，偏摆小，光栅在工作台的中央，阿贝误差小，X、Y方向运动相互独立，相互影响小；其缺点是被测量对象由于放置在移动工作台上，降低了机器运动的加速度，承载能力较小；同时操作空间不如移动桥式结构开阔。

3）水平悬臂移动式结构测量机

水平悬臂移动式结构测量机由三部分组成：工作台、立柱、水平悬臂。其结构如图3-1-5（a）所示，其模型如图3-1-5（b）所示。

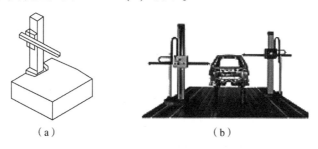

（a） （b）

图3-1-5 水平悬臂移动式结构测量机

（a）结构；（b）模型

水平悬臂移动式结构测量机的立柱可以沿着工作台导轨前后平移，立柱上的水平悬臂可以沿上下和左右两个方向平移，测头安装于水平悬臂的末端，零位A（0°，0°）平行于水平悬臂，测头随着水平悬臂在三个方向上的移动接近安装于工作台上的工件，完成采点测量。

与水平悬臂移动式结构类似的，还有固定工作台水平悬臂式和移动工作台水平悬臂式两类结构。这两类结构水平悬臂的测头安装方式与水平悬臂移动式结构不同，测头零位A（0°，0°）方向与水平悬臂垂直。

水平悬臂移动式结构测量机在前后方向上可以做得很长，目前行程可达10 m以上，竖直方向（即Z方向）较高，整机开敞性比较好，是汽车行业汽车的分总成测量和白车身测量的最常用结构。

水平悬臂移动式结构测量机的优点是结构简单，开敞性好，测量范围大；其缺点是水平悬臂变形较大，悬臂的变形与臂长成正比，作用在悬臂上的载荷主要是悬臂加长测头的自重，悬臂的伸出量还会引起立柱的变形，另外补偿计算比较复杂，因此水平悬臂的行程不能做得太大。在白车身测量时，通常采用双机对称放置，双臂测量。当然，前提是需要在测量软件中建立正确的双臂关系。

4）龙门式结构测量机

龙门式结构测量机由四部分组成：导轨、横梁、立柱和Z轴。其结构如图3-1-6（a）

所示，其模型如图3-1-6（b）所示。在前后方向有两个平行的被立柱支撑在一定高度上的导轨，导轨上架着左右方向的横梁，横梁可以沿着这两列导轨做前后方向的移动，而Z轴则垂直加载在横梁上，其既可以沿着横梁做水平方向的平移，又可以沿竖直方向上下移动。测头装载于Z轴下端，随着三个方向的移动接近安装于基座或者地面上的工件，完成采点测量。

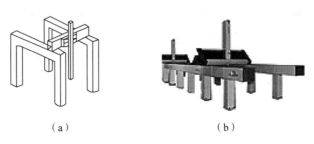

（a）   （b）

图3-1-6　龙门式结构测量机

（a）结构；（b）模型

龙门式结构一般被大中型测量机所采用。其地基一般与立柱和工作台相连，要求有较好的整体性和稳定性；立柱对操作的开阔性有一定的影响，但相对于桥式结构测量机（固定桥式结构测量机、移动桥式结构测量机）的导轨在下，桥架在上的结构，龙门式结构中移动部分的质量有所减小，便于测量机精度及动态性能的提高。

龙门式结构要比水平悬臂移动式结构的刚性好，对大尺寸测量而言具有更好的精度。其在前后方向上的量程最长可达数10 m。缺点是与移动桥式结构相比结构复杂，要求有较好的地基；单边驱动时，前后方向（Y方向）光栅尺布置在主导轨一侧，在Y方向有较大的阿贝臂，会引起较大的阿贝误差。所以，大型龙门式结构测量机多采用双光栅/双驱动模式。

龙门式结构测量机是大尺寸工件高精度测量的首选，一般都采用双光栅、双驱动等技术，以提高精度，适合于航空、航天、造船行业的大型零件或大型模具的测量。

5. 三坐标测量机的系统组成

随着现代汽车工业、航空航天事业和机械加工业的突飞猛进，三坐标测量已经成为常规的检测手段。特别是一些外资和跨国企业，强调第三方认证，所有出厂产品必须提供由检测资格方出具的零件公差检测报告。所以，三坐标测量机对加工制造业来说越来越重要。

三坐标测量机主要包括以下结构：三坐标测量机主机、探测系统、控制系统、软件系统等，其结构如图3-1-7所示。

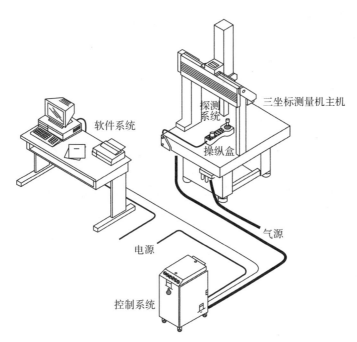

图 3-1-7　三坐标测量机的结构组成

1）三坐标测量机主机

三坐标测量机主机，即测量系统的机械主体，为被测工件提供相应的测量空间，并装载探测系统（测头），按照程序要求进行测量点的采集。

三坐标测量机主机结构主要包括代表笛卡尔坐标系的三根轴及其相应的位移传感器和驱动装置，含工作台、桥架、滑架、Z 轴等在内的机体框架。三坐标测量机主机结构如图 3-1-8 所示。

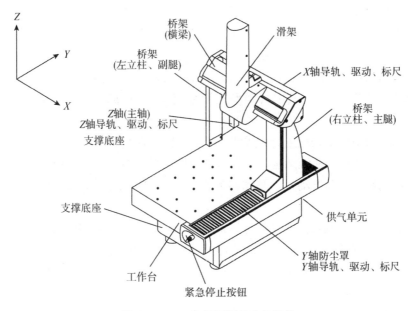

图 3-1-8　三坐标测量机主机机构

（1）框架结构。机体框架主要包括工作台、桥架（包括立柱和横梁）、滑架、Z 轴及保护罩，工作台一般为花岗岩材质，桥架和滑架一般为花岗岩、铝合金或陶瓷材质。

（2）标尺系统。标尺系统是三坐标测量机的重要组成部分，是决定仪器精度的一个重要环节。所用的标尺有线纹尺、光栅尺、磁尺、精密丝杠、同步器、感应同步器及光波波长等。三坐标测量机一般采用测量几何量用的计量光栅中的长光栅，该类光栅一般用于线位移测量，是三坐标测量机的长度基准，刻线间距范围为 $2 \sim 200 \ \mu m$。

（3）导轨。导轨是三坐标测量机实现三维运动的重要部件，常采用滑动导轨、滚动轴承导轨和气浮导轨，其中气浮导轨的使用较广泛。气浮导轨由导轨体和气垫组成，有的导轨体和工作台合二为一。此外，气浮导轨还应包括气源、稳定器、过滤器、气管和分流器等气动装置。

（4）驱动装置。驱动装置是三坐标测量机的重要运动机构，可实现机动和程序控制伺服运动的功能。一般，在三坐标测量机上采用的驱动装置有丝杠螺母、滚动轮、光轴滚动轮、钢丝、齿形带、齿轮齿条等，并配以伺服马达驱动。

（5）平衡部件。平衡部件主要用于 Z 轴框架结构中，其功能是平衡 Z 轴的重量，以使 Z 轴上下运动时无偏重干扰，使检测时 Z 方向测力稳定。Z 轴平衡装置有重锤、发条或弹簧、气缸活塞杆等类型。

（6）转台与附件。转台是三坐标测量机的重要元件，它能使三坐标测量机增加一个转动的自由度，便于某些种类零件的测量。转台包括数控转台、万能转台、分度台和单轴回转台等。

三坐标测量机的附件很多，需视测量情况而定，其一般指基准平尺、角尺、步距规、标准球体测微仪及用于自检的精度检测样板等。

2）三坐标测量机的控制系统

控制系统在三坐标测量过程中的主要功能体现在：读取空间坐标值，对测头信号进行实时响应与处理，控制机械系统实现测量所必需的运动，实时监测三坐标测量机的状态，以保证整个系统的安全性与可靠性，有的还对三坐标测量机进行几何误差与温度误差补偿，以提高三坐标测量机的测量精度。

控制系统按照自动化程度可以分为手动型、机动型及自动（Computer Numerical Control，CNC）型三种类型，其中自动型控制系统又称为 DCC（Direct Computer Control）型控制系统。

手动型和机动型控制系统主要完成空间坐标值的监控与实时采样，一般用于经济型的小型测量机。手动型控制系统结构简单，机动型控制系统则在手动型控制系统的基础上添加了对三坐标测量机三轴电动机、驱动器的控制，机动型控制系统是手动型和 CNC 型控制系统的过渡机型。

CNC 型控制系统的测量过程是由计算机控制的，它不仅可以实现全自动点对点触发和模拟扫描测量，也可像机动型控制系统那样通过操纵盒摇杆进行半自动测量。随着计算机技术及数控技术的发展，CNC 型控制系统的应用意味着整个三坐标测量机系统获得更高的精度、更高的速度、更好的自动化和智能化水平。

（1）手动型控制系统。手动型控制系统主要包括坐标测量系统、测头系统、状态监测系统等。其中测量系统是将 X、Y、Z 三个方向的光栅信号经过处理后，送入计数器，CPU（中央处理器）读取计数器中的脉冲数，计算出相应的空间位移量。

手动型控制系统的操作方式：手动移动测头去接触工件，测头发出的信号用作计数器的锁存信号和 CPU 的中断信号；锁存信号将 X、Y、Z 三轴的当前光栅数值记录下来。CPU 在执行中断服务程序时，读取计数器中的锁存值，这样就完成了一个坐标点的采集，计算机通过这些坐标点数据分析出工件的形状误差和位置误差。

随着半导体技术与计算机技术的发展，光栅信号接口单元、测头控制单元、状态监测单元等集成在一块 PCI（外部设备互连）或 ISA（工业标准结构）总线卡上，直接插入计算机或专用的控制器中，使得系统可靠性提高，成本降低，便于维护，易于开发。

手动型控制系统结构简单、成本低，适合于对精度和效率要求不太高的场合。

（2）机动型控制系统。机动型控制系统与手动型控制系统相比，增加了电动机、驱动器和操纵盒。测头的移动不再需要手动，而是用操纵盒通过电动机来驱动。电动机运转的速度和方向都通过操纵盒上手操杆偏摆的角度和方向来控制。

机动型控制系统减轻了操作人员的体力劳动强度，是一种过渡机型，随着 CNC 型控制系统成本的降低，机动型控制系统目前采用得较少。

（3）CNC 型控制系统。CNC 型控制系统的测量过程是由计算机通过测量软件进行控制的，它不仅可以实现利用测量软件进行自动测量、自学习测量、扫描测量，也可通过操纵杆进行机动测量。CNC 型控制系统通过接收来自软件系统发出的指令，来控制三坐标测量机主机的运动和数据的采集。

CNC 型控制系统除了在 X、Y、Z 三个方向装有三根光栅尺及电动机、传动等装置外，还具有以控制器和光栅组成的位置环；控制器不断将计算机给出的理论位置与光栅反馈回来的实测位置进行比较，通过 PID（比例、积分、微分控制）参数的控制，随时调整输出的驱动信号，努力使三坐标测量机的实际位置与计算机要求的理论位置相匹配。

CNC 型控制系统实现了自动测量，大大提高了工作效率，特别适合于生产线和批量零件的检测。由于排除了人为因素，CNC 型控制系统可以保证每次都以同样的速度和方向进行触测，从而使得测量精度得到很大提高。

3）三坐标测量机的探测系统

三坐标测量机的探测系统是由测头及其附件组成的。测头是三坐标测量机探测时发送信号的装置，它可以输出开关信号，也可以输出与探针偏转角度成正比的比例信号，它是三坐标测量机的关键部件，测头精度的高低很大程度决定了三坐标测量机的测量重复性及精度；不同零件需要选择不同功能的测头进行测量。

三坐标测量机是靠测头来获取信号的，其功能、效率、精度均与测头密切相关。没有先进的测头，就无法发挥三坐标测量机的功能。测头的两大基本功能是测微（即测出与给定标准坐标值的偏差量）和触发过零信号。测头可以分为触发式测头、扫描式测头、非接触式（激光、影像）测头等。

（1）触发式测头。触发式测头（Trigger Probe）又称为开关测头，是使用最多的一种测头。其工作原理是采用一个开关式传感器，当测针与零件产生接触而产生角度变化时，发出一个开关信号。这个信号传送到控制系统后，控制系统对此刻光栅计数器中的数据进行锁存，经处理后传送给测量软件，表示测量了一个点。触发式测头如图 3-1-9 所示。

图 3-1-9　触发式测头

（2）扫描式测头。扫描式测头（Scanning Probe）又称为比例测头或模拟测头，有两种工作方式，分别是触发式和扫描式。扫描测头本身具有三个相互垂直的距离传感器，可以感觉到与零件接触的程度和矢量方向。这些数据作为三坐标测量机的控制分量，控制三坐标测量机的运动轨迹。扫描测头在与零件表面接触、运动过程中定时发出信号，采集光栅数据，并可以过滤粗大误差。扫描测头的工作方式也可以是触发式，该方式是高精度的方式，与触发式测头工作原理的区别在于它采用的是回退触发方式。扫描式测头如图 3-1-10 所示。

图 3-1-10　扫描式测头

（3）非接触式（激光、影像）测头。非接触式测头是无须与待测表面发生实体接触的探测系统，如激光测头、影像测头等。

在三维测量中，非接触式测量方法由于其测量的高效性和广泛的适应性而得到了广泛的研究，其中以激光、白光为代表的光学测量方法备受关注。根据工作原理的不同，光学测量方法可被分成多个不同的种类，包括摄影测量法、飞行时间法、三角法、投影光栅法、成像面定位方法、共焦显微镜方法、干涉测量法和隧道显微镜方法等。采用不同的技术可以实现不同的测量精度，这些技术的深度分辨率范围为 103 ~ 106 mm，覆盖了从大尺度三维形貌测量到微观结构研究的大部分应用和研究领域。

4）三坐标测量机的软件系统

三坐标测量机的精度主要取决于主机、控制系统和探测系统，而功能则主要取决于软件系统，操作方便与否也与软件系统有很大关系。

三坐标测量机的软件系统包括安装有测量软件的计算机系统及辅助完成测量任务所需的打印机、绘图仪等外接设备。

随着计算机技术、计算技术及几何量测试技术的迅猛发展，三坐标测量机的智能化程度越来越高，且使用三坐标测量机更加简便高效。先进的教学模型和算法的涌现，不断完善和充实着三坐标测量机的软件系统，这使得误差评价更具科学性和可靠性。

软件系统中测量软件的作用在于指挥三坐标测量机完成测量动作，并对测量数据进行计算和分析，最终给出测量报告。

测量软件的具体功能包括：探针校正、坐标系建立与转换、几何元素测量、形位公差评价和输出检测报告等全测量过程，以及重复性测量中的自动化程序编制和执行。此外，测量软件还提供统计分析功能，结合定量与定性方法对海量测量数据进行统计研究，用以监控生产线加工能力或产品质量。

（1）根据软件功能划分。根据软件功能的不同，三坐标测量机测量软件可分为基本测量软件、专用测量软件和附加功能软件三种。

①基本测量软件是三坐标测量机必备的最小配置软件。它负责完成整个测量系统的管理，包括探针校正、坐标系的建立与转换、输入/输出管理、基本几何要素的尺寸与几何精度测量等基本功能。

②专用测量软件是针对某种具有特定用途的零部件的测量问题而开发的软件，如齿轮转子、螺纹、凸轮、自由曲线和自由曲面等测量都需要各自的专用测量软件。

③附加功能软件能够增强三坐标测量机的功能，并且用软件补偿的方法提高测量精度，如附件驱动软件、统计分析软件、误差检测软件、误差补偿软件、CAD 软件等。

（2）根据软件性质划分。根据软件性质的不同，三坐标测量机测量软件可分为控制软件和数据处理软件。

①控制软件主要是对三坐标测量机的 X、Y、Z 三轴运动进行控制的软件，包括速度和加速度控制、数字 PID 调节、三轴联动、各种探测模式（如点位探测、自定中心探测和扫描探头控制）等。

②数据处理软件是对离散采样数据点的集合，用一定的数学模型进行计算，以获得测量结果的软件。

至今为止，三坐标测量机测量软件的发展经历了以下三个重要阶段。

第一阶段是 DOS 操作系统及其以前的时期，测量软件能够实现坐标找正、简单几何要素的测量、形位公差和相关尺寸计算。

第二阶段是 Windows 操作系统时代，这一阶段，计算机的内存容量和操作环境都有了极大的改善，测量软件在功能的完善和操作的友好性上有了飞跃性的改变，大量地采用图标和窗口显示，使功能调用和数据管理变得非常简单。

第三阶段是从 20 世纪 90 年代末开始的，以 CAD 技术引入测量软件为标志的时代。测量软件使用 CAD 数模编程，是受 CAD/CAM 的影响，也是制造技术发展的必然结果。CAD 数模编程大大提高了零件编程技术，其巨大优势在于可以进行仿真模拟，既可以检查测头干涉，也验证了程序逻辑和测量流程的正确性。CAD 数模编程既不需要三坐标测量机，也不需要实际工件,这将极大地提高三坐标测量机的使用效率或有效利用时间。对于生产线上使用的三坐标测量机,这就意味着投资成本的降低。CAD 数模编程可以在零件投产之前即可完成零件测量程序的编制。

随着工业自动化、智能化、数字化及网络化水平的提高,目前软件系统的概念已经外延。除了传统意义上的测量软件功能,当代的先进软件系统,已经发展出了无纸化测量和全自动程序编制、自定制报告的网络化实时传输等技术。

在今后相当长的一段时间内,软件系统将成为三坐标测量机技术发展最快、发展空间最大的一部分。

◢◣ 任务实施

1. 三坐标测量机的常用结构形式有哪几种?
2. 三坐标测量机的主要结构是什么?

◢◣ 知识拓展

简述实验室所用三坐标测量机的结构、型号及名称。

任务二 三坐标测量机的准备工作

◢◣ 任务导入

三坐标测量机是一种高精度的检测设备,其机房环境条件的好坏,对三坐标测量机的正常运行至关重要。如果维护或保养不及时,就会缩短机器的使用寿命,甚至测量精度也得不到保障。

◢◣ 知识链接

1. 三坐标测量机的工作环境

三坐标测量机的工作环境包括温度、湿度、振动、电源、气源、工件的清洁和恒温等因素。

1)温度

高精度的三坐标测量机在测量时,温度的影响是不容忽视的。温度引起的变形包括膨胀以及结构上的一些扭曲。三坐标测量机环境温度的变化主要包括:温度范围、温度时间梯度、温度空间梯度。为有效地防止由于温度造成的变形问题和保证测量精度,三坐标测量机制造厂商对此都有严格的限定。一般要求如下:

温度范围：20 ℃ ± 2 ℃；

温度时间梯度：≤1 ℃/h 且≤2 ℃/24 h；

温度空间梯度：≤1 ℃/m。

注意：三坐标测量机机房的空调全年开放，且测量机不应受到太阳照射，不应靠近暖气，不应靠近进出通道。此处推荐根据房间大小使用相应功率的变频空调。

在现代化生产中，有许多三坐标测量机直接在生产现场使用，鉴于现场条件往往不能满足对温度的要求，大多数三坐标测量机制造商开发了温度自动修正系统。温度自动修正系统是通过对三坐标测量机光栅和检测工件温度的监控，根据不同金属的温度膨胀系数，对测量结果进行基于标准温度的修正。

2）湿度

相对其他环境因素，湿度并不是大问题，通常湿度对三坐标测量机的影响主要集中在机械部分的运动和导向装置方面，以及非接触式测头方面。事实上，湿度对某些材料的影响非常大，为防止块规或其他计量设备的氧化和生锈，要求保持环境湿度如下：

空气相对湿度：25% ~75%（推荐40% ~60%）。

注意：过高湿度会导致机器表面、光栅和电动机凝结水分，增加测量设备的故障率，降低三坐标测量机的使用寿命。此处推荐在三坐标测量机使用现场至少配备一个高灵敏度干湿温度计。

3）振动

由于较多的机器设备应用在生产现场，因此振动成为一个常见的问题，比如锻压机、冲床等振动较大的设备在三坐标测量机的周围将会对三坐标测量机产生严重影响。较难察觉的小幅振动，也会影响其测量精度。因此，三坐标测量机的使用对测量环境的振动频率和振幅均有一定的要求。如果机床周围有大的振源，则需要根据减振地基图纸准备地基或配置主动减振设备。

4）电源

电源对三坐标测量机的影响主要体现在测量机的控制部分。用户需注意的主要是接地问题。一般配电要求如下：

电压：交流220 V ± 22 V；

电流：15 A；

独立专用接地线：接地电阻≤40 Ω。

注意：独立专用接地线是指非供电网络中的地线，而且是独立专用的安全地线，以避免供电网络中的干扰与影响，建议配置稳压电源或 UPS（不间断电源）。

5）气源

许多三坐标测量机由于使用了精密的空气轴承而需要压缩空气，所以应当满足三坐标测量机对压缩空气的要求，防止由于水和油侵入压缩空气而对三坐标测量机产生影响，同时应防止突然断气，以免对三坐标测量机空气轴承和导轨产生损害。

气源要求如下：

耗气量：> 150 NL/min = 2.5 dm³/s（NL：标准升，代表在 20 ℃温度时，1 个大气压下

的 1 L 气体）；

供气压力：> 0.5 MPa；

含水：< 6 g/m³；

含油：< 5 mg/m³；

微粒大小：< 40 μm；

微粒浓度：< 10 mg/m³；

气源的出口温度：20 ℃ ± 4 ℃。

注意：三坐标测量机运动导轨为空气轴承，气源决定三坐标测量机的使用状况和气动部件寿命，空气轴承对气源的要求非常高。此处推荐使用由空压机、前置过滤、冷冻干燥机和二级过滤组成的配套设备。

6）工件的清洁和恒温

检测工件的物理形态对测量结果有一定的影响，尤其是工件表面粗糙度和加工留下的切屑。切削液和机油对测量误差也有影响。如果这些切屑和油污黏附在探针的红宝石球上，就会影响三坐标测量机的性能和精度。建议在三坐标测量机开始工作之前和完成工作之后分别对工件进行必要的清洁和保养工作，同时还要确保在检测前对工件有足够的恒温时间。

2. 测量机维护保养规程

三坐标测量机作为一种精密的测量仪器，如果维护及保养及时，就能延长机器的使用寿命，并使精度得到保障，使故障率降低。为使客户更好地掌握和使用三坐标测量机，现列出三坐标测量机的维护及保养规程。

1）开机前的准备

（1）三坐标测量机对环境要求比较严格，应按合同要求严格控制温度及湿度。

（2）三坐标测量机使用气浮轴承，其理论上是永不磨损结构，但是如果气源不干净，有油水或杂质，就会造成气浮轴承阻塞，严重时会造成气浮轴承和气浮导轨划伤，产生严重后果。所以每天要检查机床气源，放水、放油，定期清洗过滤器及油水分离器，还应注意机床气源前级空气来源，空气压缩机和集中供气的储气罐也要定期检查。

（3）三坐标测量机的导轨加工精度很高，与空气轴承的间隙很小，如果导轨上面有灰尘或其他杂质，就容易造成气浮轴承和导轨划伤。所以每次开机前应清洁机器的导轨，金属导轨用航空汽油擦拭（120 或 180 号汽油），花岗岩导轨用无水乙醇擦拭。

（4）切记在保养过程中不能给任何导轨涂抹任何性质的油脂。

（5）定期给光杠、丝杠、齿条涂抹少量防锈油。

（6）如果长时间没有使用三坐标测量机，在开机前应做好准备工作：保证控制室内的温度和湿度，在南方湿润的环境中还应该定期把自动化电控柜打开，使印制电路板也得到充分干燥，避免电控系统在受潮后突然加电而损坏。

（7）开机前检查气源和电源，如有条件，应配置稳压电源，定期检查接地，接地电阻小于 4 Ω。

2）工作过程中

（1）被测零件在放到工作台上检测之前，应先清洗去除毛刺，防止在加工完成后零件表面残留的切削液及加工残留物影响三坐标测量机的精度及测尖的使用寿命。

（2）被测零件在测量之前应在室内保持恒温，如果温度相差过大，就会影响测量精度。

（3）大型及重型零件在放置到工作台上的过程中应轻放，以避免造成剧烈碰撞，致使工作台或零件损伤，必要时可以在工作台上放置一块厚橡胶，以防止碰撞。

（4）小型及轻型零件放到工作台后，应先紧固后再进行测量，否则会影响测量精度。

（5）在工作过程中，测座在转动时（特别是带有加长杆的情况）一定要远离零件，以避免碰撞。

（6）在工作过程中如果发生异常响声或突然应急，切勿自行拆卸及维修，此时应及时与厂家联系。

3）操作结束后

（1）请将 Z 轴移动到机器的左前上方，并将测头角度旋转到"A90B180"的位置。

（2）工作完成后要清洁工作台面。

（3）检查导轨，如有水印，应及时检查过滤器，如有划伤或碰伤，则需及时与供应商联系，避免造成更大的损失。

（4）关闭机器总气源。

▰▰/\ 任务实施 ----

在三坐标测量机机房的环境条件中，温度和湿度的要求分别是什么？

▰▰/\ 知识拓展 ----

根据实验室所使用的三坐标测量机，说明三坐标测量机维护和保养的具体方案。

任务三　轴承端盖中测头的选择和校验

▰▰/\ 任务导入 ----

本任务主要介绍测头的配置、测头的校验与使用注意事项，包括测头文件名的定义、测座的定义、转接、测针的定义、测头角度的添加、测头校验的相关内容，使学生掌握测头的配置与校验方法。

1. 测头组件和典型配置

首先我们来认识测头组件：一套完整的测头系统（探测系统）包括测座、转接（Convert）、测头（Probe）、测针（又称探针，Tip 或 Stylus 或 Styli）、加长杆（Exten 或 Extension）如图 3-1-11 所示。

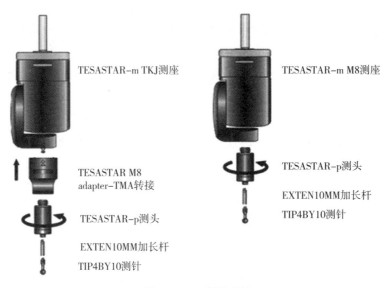

TESASTAR-m TKJ测座

TESASTAR-m M8测座

TESASTAR M8
adapter-TMA转接

TESASTAR-p测头

TESASTAR-p测头

EXTEN10MM加长杆

EXTEN10MM加长杆

TIP4BY10测针

TIP4BY10测针

图 3-1-11　测头系统

通常触发式测头通过 M8 螺纹连接，扫描式测头或激光测头通过卡口连接。一套完整的测头系统包括：TESASTAR-M 自动旋转测座，可配置 TESASTAR-R 自动更换架，测座下面可以接多种加长杆或转接，或者直接连接测头。测头有多种选择：触发式测头、扫描式测头、影像测头、激光测头，测头下面可以连接各种加长杆和测针。在实际使用中，用户大都是购买了一种或两种测头，一种测座，多种加长杆和测针。

2. 测座的选择

测座可分为旋转式测座和固定式测座两种，它们特点不同，使用要求也不同。

1）旋转式测座

旋转式测座具有使用灵活的特点，分为自动和手动两种，手动测座一般分度为 15°，自动测座分度有 7.5°、5°、2.5°和无极的，使用前注意仔细阅读用户手册，了解加长杆承载能力。如图 3-1-12 所示为常用的测座类型。图中测座俯仰抬高方向为 A 角，围绕主轴自转方向为 R 角。

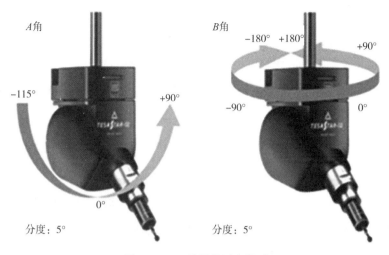

图 3-1-12 常用的测座类型

2）固定式测座

当需要高精度、长测针时，则选择固定式测座（测头），在使用时，需要配置复杂的测针组合来实现复杂角度的测量。固定式测座的灵活性不如旋转式测座，但测量精度较高，而且通常与扫描式测头为一体结构，可用于连续扫描。

3. 测头的选择

测头是负责采集测量信息的组件。测量方式可分为接触式触发测量、接触式连续扫描测量和非接触式光学测量。在实际应用中，使用者需要根据加工精度、工件材料、待检特征等因素，来选取合适的测头，完成检测任务。测头可分为触发式测头、扫描式测头和非接触式测头。

1）触发式测头

触发式测头关注传感器的测力，较为经济，适用范围较广。触发式测头的测力由硬件决定，根据不同的需要应选择不同测力的测头或吸盘。一般有磁力吸盘的测头，测力由吸盘决定，少数触发式测头通过调节螺钉调整测力。

2）扫描式测头

扫描式测头具有测力可调、精度更好、接加长杆能力更强的特点。

3）非接触式测头

影像测头扩展了影像测量功能，激光测头能够进行非接触测量，且激光扫描逆向。

4. 加长杆的选择

加长杆分为测座和测头之间的加长杆以及测头和测针之间的加长杆两种。

（1）测座和测头之间的加长杆。测座和测头之间的加长杆配合盘型测针、星型测针、五方向测针使用。

（2）测头和测针间的加长杆。使用测头和测针间的加长杆应注意螺纹，一般选择 M5/M4/M3/M2 转接，不能超长、超重。

5. 测针的选择

在坐标检测过程中，测针与被测工件发生直接接触，需要快速反馈接触情况。通过合适的测针选择及配置，可以最大限度地发挥三坐标测量机的测量性能，大大降低测量的不确定度。同一台三坐标测量机测量同一个工件，测量结果会因测针配置的不同而产生较大差异。

选择测针需要注意以下几点。

（1）不能超长、超重，尽量减少连接个数，每增加一个连接就会降低测针的刚性。

（2）注意选择合适的形状，不同形状的测针常用于不同的用途。球形测针最为常用，星型、五方向、盘型测针一般用于大孔或槽等球形测针不容易直接测量的情况，柱形测针一般用于薄壁件测量，同时尽可能避免过多的螺纹连接，能使用一根测针的情况应避免使用测针组合。

（3）为保证测针的刚性，应尽量减少连接。除了星型、五方向测针，其他测针尽量一个连接，同时尽可能选择粗、短、轻、大的测针。

（4）测针材料的选择一般为碳化钨或碳纤维、陶瓷，碳化钨刚性最强，但质量较重，碳纤维、陶瓷刚性强、质量轻，常用于长测针或加长杆；测尖的材料以人造红宝石最为常见，常用于触发测量或低强度连续扫描测量。在实际应用中，扫描测量铝件时尽量使用氮化硅球头的测针，扫描测量铸铁件时尽量使用氧化锆球头的测针。在满足测量要求的前提下，应尽量选择球头半径较大的测针，使表面粗糙度对测量精度的影响降至最低。测针角度应尽可能地与被测特征匹配，特别是固定式模拟测头使用立方体和关节时。

（5）尽可能使用短而稳定的测针，若使用长测针，则务必确保其有足够的稳定性和刚性。当测头校验结果较差时，需要考虑使用的测针刚性是否合适。

（6）确保使用的测针长度和重量没有超出测头的使用限制要求。

（7）当使用的测针较细时，需要考虑使用低测力吸盘或触测力更低的测头，以降低测针测量时的形变对测量精度的影响。

（8）检查使用的测针有没有缺陷，特别是在螺纹连接处，确保测针的安装可靠。如果测量数据重复性差，存在波动，则需要检查测头、测针部件是否连接牢靠，另外需要检查测针是否磨损，如果测量精度要求高，则需要更换磨损的测针。

原则上，可以认为测针就是三坐标测量机的"刀具"，就像车刀与车床关系一样，属于易损件，应根据使用需求，每年制订补充计划。

（9）当三坐标测量机使用在环境温度不好的情况下时，要确认使用的测针部件的热稳定性。

（10）确保测针的测力、运动速度和加速度等参数适合所选测针组合。

当使用较细的测针时，应根据需要降低参数要求，降低测针测量时变形对测量精度的影响，测针越长，刚性越差，精度就越低。一般机器的精度是指在特定配置下的精度，对于更长、更复杂的测头配置，由于测量条件不固定，没有标准，所以更多是经验值；比如，机器精度探测误差是 1.5 μm，那么使用标准测杆 10 mm 或 20 mm（测杆是指测针上的杆长），校验结果标准偏差通常小于探测误差，但是如果测针是 40 mm、60 mm 或非常细，则校验结果会更大，不同的测头、不同粗细、不同材质的测杆校验结果都有差异。

6. 校验测头的目的

测头校验的目的主要是获得测针的有效直径和各个角度与参考测针的关系。

1）获得测针的有效直径

由于测头触发有一定的延迟，以及测针会有一定的形变，测量时测头有效直径会小于该测针宝石球的理论直径，所以需要通过校验得到测量时的有效直径，对测量进行测头补偿。

测头补偿：测量零件时，接触点的坐标是通过红宝石球中心点坐标加上或减去一个红宝石球半径得到的，所以必须通过校验得到测量时测针的有效直径。

2）获得各个角度与参考测针的关联关系

校验测头时，第一个校验的角度是所有测头角度的参考基准，即角度 A0B0。校验测头，实际上就是校验各个角度与第一个校验角度之间的关系，所以要先校验 A0B0 参考测针。A0B0 参考测针如图 3-1-13 所示。

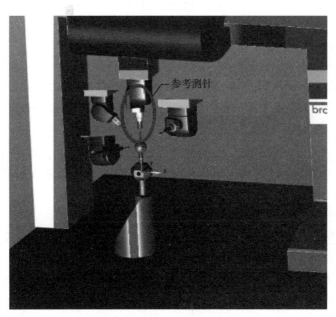

图 3-1-13 A0B0 参考测针

测量工件往往需要多个角度才能完成，校验测头的工具是一个固定在机器上的标准球，标准球可以有不用的方向，为了避免校验测头时测针和支撑杆干涉，需要告知标准球的摆放方向，如图 3-1-14 所示。

图 3-1-14　标准球的摆放方向

7. 校验测头的原理

测量前，校验测头的工作是极其必要的。校验测头基本原理为通过在一个被认可的标准器上测点，来得到测头的真实直径和位置关系。一般采用的标准器是一个标准圆球（球度小于 0.1 μm），标准圆球如图 3-1-15 所示。

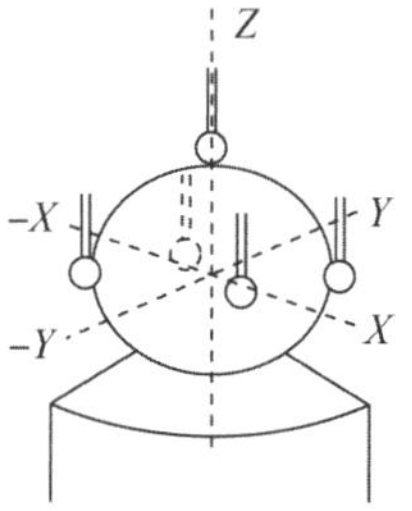

图 3-1-15　标准圆球

在经校准的标准球上校验测头时，测量软件首先根据测量系统传送的测点坐标（红宝石球中心点坐标）拟合计算一个球，计算出拟合球的直径和标准球球心点坐标。这个拟合球的直径减去标准球的直径，就是被校正的测头（测针）的等效直径。

由于测点触发有一定的延迟，以及测针会有一定的弯曲形变，通常校验出的测头（测针）直径小于该测针红宝石球的名义直径，所以校验出的直径常称为等效直径或作用直径。该等效直径正好抵消在测量零件时的测点延迟和形变误差，校验过程与测量过程一致，保证了测量的精度。

不同测头位置所测量的拟合球心点的坐标，反映了这些测头位置之间的关系，保证了所有测头位置互相关联。

校验测头位置时，第一个校验的测头位置是所有测头位置的参照基准。校验测头的位置，实际上就是校验与第一个测针位置之间的关系。需要注意的是增加校验测头的测点数，测得的测针直径越准确；校验测头和检测工件的速度应保持一致；也可以用量环和块规校验测头，但是标准球是首选，因为它考虑了所有的方向。

8. 校验测头的操作

校验测头步骤示意图如图 3-1-16 所示。

图 3-1-16　校验测头步骤示意图

1）测头配置

测头配置（1）如图3-1-17所示，其操作包括定义测头文件名、定义测座、定义传感器、定义吸盘和定义测针5个步骤。

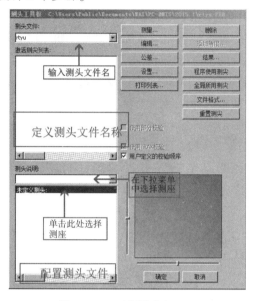

图3-1-17 配置测头（1）

（1）定义测头文件名。打开测量软件后，软件会自动弹出"测头工具框"对话框，也可以选择"插入"→"硬件定义"→"测头"命令，进入"测头工具框"对话框，如图3-1-18所示。在"测头工具框"对话框的"测头文件"中输入文件名，名字可任意命名，如"5657"。

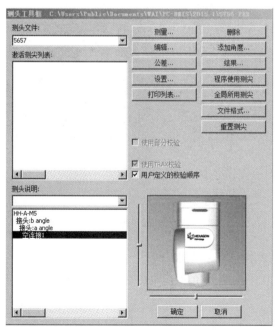

图3-1-18 配置测头（2）

（2）定义测座。单击图 3-1-17 中"未定义测头"处，使之变蓝，在"测头说明"处的下拉列表框中选择使用的测座型号，如"TESASTAR SM-80"。在右侧窗口中会出现该型号的测座图形。

（3）定义传感器。单击图 3-1-18 中的"空连接 1"，使之变蓝，在"测头说明"处的下拉列表框中选择与当前设备型号相一致的传感器，如"LEITZ_ LSPX1S_ T"。在右侧窗中会出现与该型号相一致的传感器图形。

（4）定义吸盘。单击图 3-1-18 所示中"空连接 1"，使之变蓝，在"测头说明"处的下拉列表框中按照测针型号选择正确的吸盘，如"LSPXIS_ 15_ SH"。在右侧窗口会出现与该型号相一致的吸盘图形。

（5）定义测针。单击图 3-1-18 所示中"空连接 1"，使之变蓝，在"测头说明"处的下拉列表框中按照测针的红宝石球直径和测针长度选择相应的测针，如"TP_ 3BY50MM"。在右侧窗口中会出现与该型号相一致的测针图形。

2）添加测头角度

如需要添加测头角度，则在"测头工具框"对话框中单击"添加角度..."按钮，即出现"添加新角"对话框，PC-DMIS 提供有三种添加角度的方法，如图 3-1-19，图 3-1-20 所示。

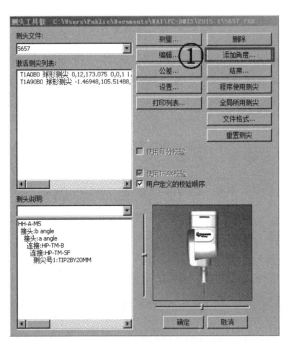

图 3-1-19　添加测头角度（1）

（1）单个测头位置角度，可在图 3-1-19 中"①"处单击"添加角度..."按钮添加测头角度，在图 3-1-20 添加测头角度，即在"②"处"A 角""B 角"文本框中直接输入 A、B 角度。

（2）多个分布均匀的测头角度，在图 3-1-20 的"起始 A""终止 A""A 角增量""起始 B""终止 B""B 角增量"文本框中分别输入 A、B 方向的起始角、终止角和角度增量的数值，软件会生成均匀角度。

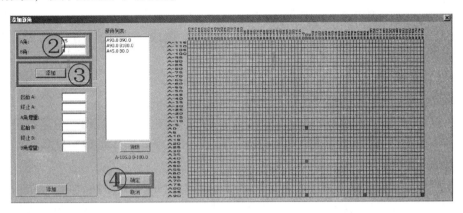

图 3-1-20 添加测头角度 (2)

（3）在图 3-1-20 右侧的矩阵表中，纵坐标是 A 角，横坐标是 B 角，其间隔是当前定义测座可以旋转的最小角度，使用者可以按需要选择。

完成角度定义后，单击"确定"按钮即可完成软件定义设置，并开始校验测针。

3）校验测针

定义测头后，要在标准球上进行直径和位置的校验。单击"测头功能"→"测量"按钮后，弹出"校验测头"对话框，如图 3-1-21（b）所示。

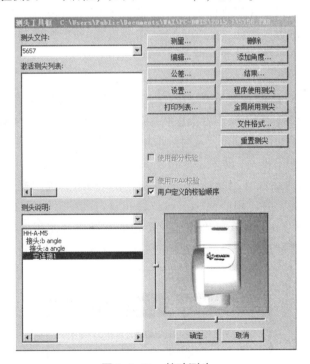

图 3-1-21 校验测头

（a）"测头工具框"对话框；（b）"校验测头"对话框

（1）"测头点数"文本框中的数值为校验时测量标准球的采点数，缺省设置为 5 点，触发式测头，推荐点数 9 点，扫描测头如 X3、X5，推荐点数 16 点。

（2）"逼近/回退距离"文本框中的数值为测头触测或回退时速度转换点的位置，可以根据情况设置，一般为 2 ~ 5 mm。

（3）"移动速度"文本框中的数值为测量时位置间的运动速度。

（4）"触测速度"文本框中的数值为测头接触标准球时的速度。

（5）控制方式一般采用 DCC 方式，即图 3-1-21（b）中的"自动"单选按钮。

（6）操作类型选择为校验测尖，即图 3-1-21（b）中"操作类型"选项组中的"校验测尖"单选按钮。

（7）校验模式一般应采用用户定义，即图 3-1-21（b）中"校验模式"选项组中的"用户定义"单选按钮，其中"层数"应选择 3 层，"起始角"和"终止角"可以根据情况选择，一般球形和柱形测针采用 0° ~ 90°。对特殊测针（如盘形测针）校验时起始角、终止角要进行必要的调整。

（8）"柱测尖校验"复选按钮右侧的文本框是对柱测针校验时应设置相应的参数，其中"柱测针偏置"是指在测量时柱测针的位置。

（9）"参数组"一栏用户可以设置校验测头窗口的参数组，用文件的方式保存，需要时直接选择调用。

（10）"可用工具列表"一栏中包含了校验测头时使用的校验工具。单击"添加工具"按钮，弹出添加工具窗口。在工具标识窗口添加"标识"，在支撑矢量窗口输入标准球的支撑矢量，指向标准球方向，如（0，0，1），在"直径/长度"窗口输入标准球检定证书上标注的实际直径值，单击"确定"按钮。

4）实施校验

在"校验测头"对话框设置完成后，单击"测量"按钮。软件会弹出提示对话框（1），如图 3-1-22 所示。警告操作者测座将旋转到 A0B0 角度，这时操作者应检查测头旋转后是否与工件或其他物体相干涉，及时采取措施，同时要确认标准球是否被移动。如果选择图 3-1-23（a）中"是-手动采点定位工具（M）"单选按钮并单击"确定"按钮，PC-DMIS 会弹出提示对话框（2），如图 3-1-23（b）所示。提示操作者如果校验的测针与前面校验的测针相关，应该用前面标准球位置校验过的一号测针 T1A0B0，以使它们互相关联。在图 3-1-23（b）中单击"确定"按钮后，操作者使用操纵杆控制三坐标测量机用测针在标准球与测针正对的最高点处触测一点，三坐标测量机自动按照设置进行全部测针的校验。

图 3-1-22　提示对话框（1）

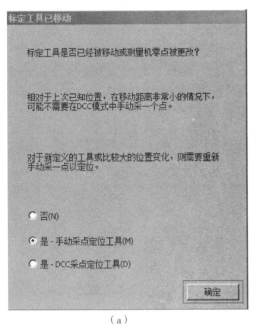

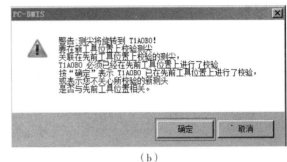

（a）　　　　　　　　　　　　　　　（b）

图 3-1-23　提示对话框（2）

5）校验测头的结果

校验测针结束之后需要查看校验结果。校验测头后，在图 3-1-24（a）中单击"测头功能"→"结果…"，会弹出"校验结果"对话框，如图 3-1-24（b）所示。

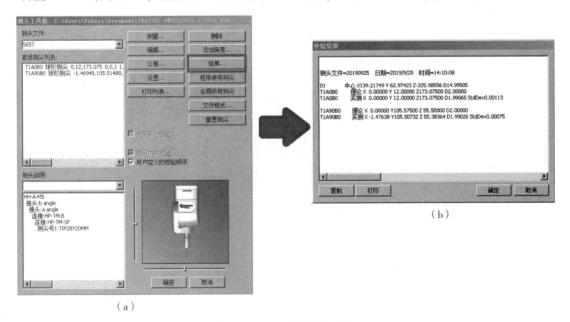

（a）

（b）

图 3-1-24　查看校验结果

在"校验结果"对话框中，理论值是在测头定义时输入的值，测定值是校验后得出的校验结果。其中，"X、Y、Z"是测针的实际位置，由于这些位置与测座的旋转中心有关，所以它们与理论值的差别不影响测量精度；"D"是测针校验后的等效直径，由于测点延迟等原因，测量结果要比理论值小，同时由于它与测量速度、测针的长度和测杆的弯曲形变等有关，故在不同情况下会有一定的区别，但在同等条件下，测量结果相对稳定。

任务实施

讨论分析下列问题：

（1）简述测头校验的目的。

（2）有哪些操作会造成测头校验的误差？

知识拓展

思考讨论在测量轴承端盖时的校验测头过程，验证其是否正确，并列出校验步骤。

任务四　轴承端盖几何特征的手动测量

任务导入

几何特征的测量是三坐标测量技术实现机械几何检测的表现。本任务主要介绍三坐标测量机对轴承端盖几何特征的测量，包括点、直线、平面、圆和圆柱等几何特征。轴承端盖的三维图如图 3-1-25 所示。

图 3-1-25　轴承端盖的三维图

◢◤ **知识链接** ----

1. 常规几何特征

几何特征又称几何元素或几何要素，简称特征、元素或要素。常规几何特征包括点、直线、平面、圆、圆柱、圆锥、球等。三坐标测量的主要工作是测量各种几何特征，然后进行相关尺寸、形状、位置的评价。几何特征的测量主要有以下几种方法：

（1）手动特征：通过手动测量获取的几何特征；

（2）自动特征：通过输入理论值生成的几何特征；

（3）构造特征：通过已有的几何特征构造出的几何特征，如中点、交点等。

每种类型的几何特征都包含位置、方向及其他特有属性，通常用特征的质心坐标代表特征的位置，用特征的矢量表示特征的方向，以下列举了几种常规几何特征的属性和实际测量时需要的最少测点数，如表3-1-1所示。

表3-1-1 几何特征的属性和实际测量时需要的最少测点数

几何特征	图示	位置属性（质心）	方向属性（矢量）	程序表达式	至少测点数
点	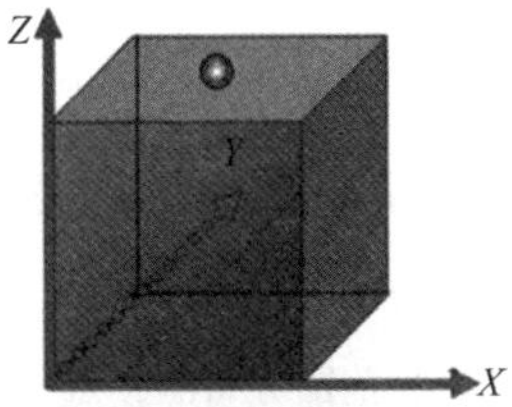	点本身的坐标	测头回退的方向	POINT X, Y, Z, I, J, K	1个点
直线	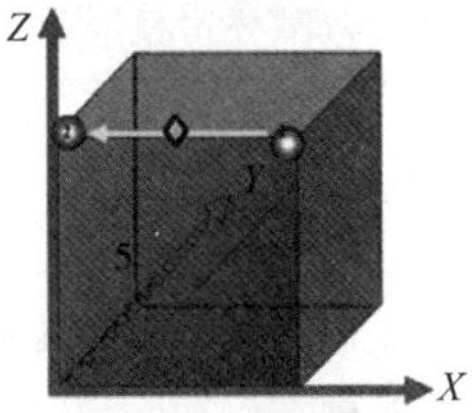	直线中点的坐标值	第一点指向最后一点的方向	LINEX, Y, Z, I, J, K	2个点
平面	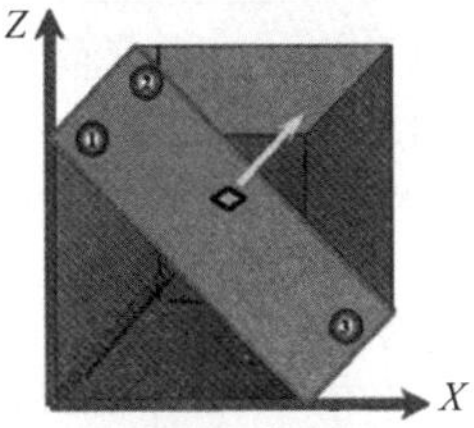	平面重心点的坐标值	垂直于平面测头回退的方向	PLANE X, Y, Z, I, J, K	3个点（不在一条直线上）
圆	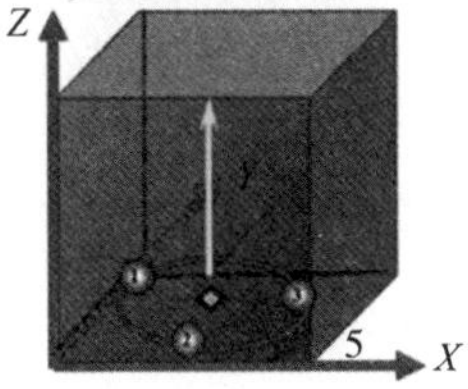	圆心点的坐标值	工作（投影）平面的方向	CIRCLE X, Y, Z, I, J, K	3个点（不在一条直线上）

续表

几何特征	图示	位置属性（质心）	方向属性（矢量）	程序表达式	至少测点数
圆柱	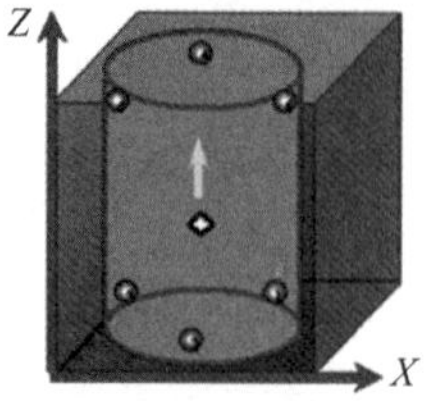	重心点的坐标值	第一层指向最后一层的方向	CYLINDER X, Y, Z, I, J, K	6个点（两层）

2. 几何特征测量策略

在实际测量时，由于工件表面存在着形状、位置等几何误差，以及波纹度、粗糙度、缺陷等结构误差，所以仅仅测量最少测点数是不够的。理论上说，测量几何特征时测点越多越好，但受限于实际测量条件、测量时间及经济性等因素，很难对所有的被测几何特征做全面的测量，实际上也没有必要。因此，在实际测量中会根据尺寸要求和被测特征的精度，选择合适的几何特征类型测点分布方法和测量点数，如表3-1-2所示。

表3-1-2　几何特征类型测点分布方法和测量点数

几何特征类型	推荐测点数（尺寸位置）	推荐测点数（形状）	说　明
点（一维或三维）	1点	1点	手动点为一维点，矢量点为三维点
直线（二维）	3点	5点	最大范围分布测量点（布点法）
平面（三维）	4点	9点	最大范围分布测量点（布点法）
圆（二维）	4点	7点	最大范围分布测量点（布点法）
圆柱（三维）	8点/2层	12点/4层	为了得到直线度信息，至少测量4层
		15点/3层	为了得到圆柱度信息，每层至少测量5点
圆锥（三维）	8点/2层	12点/4层	为了得到直线度信息，至少测量4层
		15点/3层	为了得到圆度信息，每层至少测量5点
球（三维）	9点/3层	14点/4层	为了得到圆度信息，测点分布为4层：5（1层）、5（2层）、3（3层）、1（4层）

3. 轴承端盖的手动测量几何特征过程

首先根据测量规划新建零件程序，选择测头文件2BY20，确定后默认测头角度为

A0B0。测头配置的选择如图 3-1-26 所示。

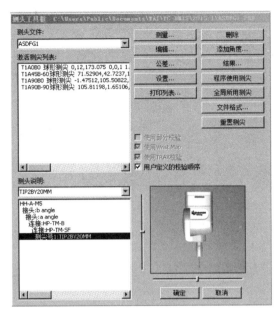

图 3-1-26　测头配置的选择

4. 手动测量几何特征

1）测量平面

如图 3-1-27 为手动测量平面的快捷键。在平面上测量 4 个点。在测量平面时，这 4 个点所测量的面积是平面上覆盖最大的面积。矢量方向：垂直于平面测头回退的方向。

图 3-1-27　手动测量平面的快捷键

2）测量圆

如图 3-1-28 为手动测量圆的快捷键。顺时针或逆时针，在圆的表面测量 4 个点，尽量在一个高度上，测量范围尽量大，特征前后添加移动点，快速移动，慢速触测，矢量方向为投影平面的方向。

图 3-1-28　手动测量圆的快捷键

5. 手动建立坐标系

手动建立坐标系的步骤如下。

（1）单击"插入"→"坐标系"→"新建"，首先选择"平面 1"→"Z 正"并单击

"找正"按钮,最后单击"确定"创建 A1,如图 3-1-29 所示。

(2)单击"插入"→"坐标系"→"新建",再选择"圆 1",勾选"X""Y"复选按钮,并单击"原点"按钮,最后单击"确定"创建 A2,如图 3-1-30 所示。

(3)坐标系建立完成。

图 3-1-29　建立坐标系

图 3-1-30　建立坐标系

任务实施

1. 解释下列名词:

几何特征。

2. 讨论分析下列问题：

（1）常规几何特征包括几种元素？

（2）几何特征的测量主要有几种方法？

（3）测量二维几何特征时工作平面、投影平面如何选择？

知识拓展

1. 三坐标测量机在测量几何特征时，应注意哪些问题？小组讨论怎样测量才能保证测量元素的误差最小，根据测量的零件来说明。

2. 根据本项目的学习，完成轴承端盖的实际测量过程。

要求：书写测量过程，并把测量数据测出来。

手动测量要求：测量平面、圆及圆柱三种元素。

任务五　轴承端盖的实际测量

任务导入

本任务主要介绍三坐标测量机的组成、结构、原理，测头的选择和校验，以及几何特征的手动测量等。在本任务中，通过对轴承端盖的实际测量，来回顾前面学过的知识。

知识链接

图 3-1-31 是轴承端盖的三维图，图 3-1-32 是轴承端盖的图纸。我们通过分析图纸，来完成轴承端盖几何特征的手动测量。

图 3-1-31　轴承端盖的三维图

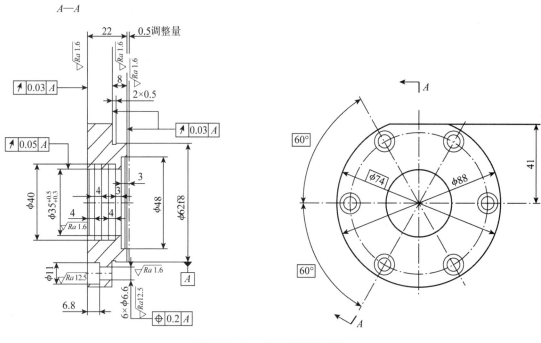

图 3-1-32　轴承端盖的图纸

1. 图纸分析

（1）根据图纸的标注与技术要求可知，三坐标测量机的精度可以满足轴承端盖标注尺寸的测量。测量的几何特征如图 3-1-33 所示。

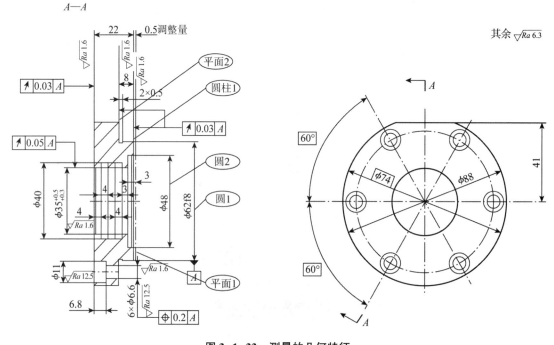

图 3-1-33　测量的几何特征

（2）根据被测工件的形状、材质等找出最大外形尺寸，合理地装夹工件。最大外形尺寸直径为 80 mm，厚度为 22 mm，一般情况可以使用热熔胶将工件固定住。

（3）根据相关尺寸合理配置测头、测针：测杆长度需要大于三坐标测量机沿任意方向探测的最深距离，并有一定的余量，此件选 20 mm 长的测量杆；测针顶端的红宝石球径需要小于工件上测量的最小距离，此件选 3 mm 的测尖；不需要转换多个测针角度即可测量出所有尺寸，所以只需 A0B0 角度即可。

2. 测量准备

1）配置测头文件

（1）配置测头路径：选择"插入"→"硬件定义"→"测头"命令。

（2）配置测头的工作流程如下：

①输入测头文件名称：ani3BY50MM；

②选择测座型号：TESASTAR_SM-80；

③选择测头型号：LEITZ_LSPXISP_T；

④选择连接器型号：ISPX1IS_15_SH；

⑤选择测针型号：TIP_3BY50MM；

⑥添加测针角度：A0B0。

2）校验测头并生成测头配置程序

（1）选择测针角度：A0B0。

（2）校验测头工作流程如下：

①选择需要校验的测针角度 A0B0；

②单击"测量"按钮，进入设置测头校验参数的对话框；

③设置校验参数；

④添加标准球；

⑤检查所有校验参数设置；

⑥单击"测量"按钮，安全、有效地校验测头；

⑦查看校验结果；

⑧确认所有测头配置参数，在"编辑"窗口中得到测头配置程序。

3. 手动测量轴承端盖几何特征

手动测量轴承端盖几何特征包括测量平面 1、测量圆 1 和测量圆柱 1。

1）测量平面 1

单击手动测量平面的快捷键，用操作盒在测量平面 1 上打 4 个点，如图 3-1-33 所示，测点要在平面最大范围内均匀分布，屏幕中显示平面 1 程序，如图 3-1-34 所示。

```
平面1  =特征/平面,直角坐标,三角形
       理论值/<179.361,478.568,-459.926>,<0.0007102,0.002868,0.9999956>
       实际值/<179.361,478.568,-459.926>,<0.0007102,0.002868,0.9999956>
       测定/平面,4
         触测/基本,常规,<156.952,520.524,-459.998>,<0.0007102,0.002868,0.9999956>,
         触测/基本,常规,<205.321,520.524,-460.098>,<0.0007102,0.002868,0.9999956>,
         触测/基本,常规,<197.039,436.612,-459.778>,<0.0007102,0.002868,0.9999956>,
         触测/基本,常规,<158.13,436.611,-459.831>,<0.0007102,0.002868,0.9999956>,
       终止测量/
```

图 3-1-34　平面 1 程序

把平面 1 设置的工作平面，再用同样的方法测量平面 2。

2）测量圆 1

从图 3-1-33 上可以看出圆 1 是基准，要求的精度高。单击手动测量圆的快捷键，用操作盒来测量圆 1。因为圆 1 是外圆，使用操作盒把测针放到圆 1 的外径上，同时要把 Z 轴方向锁定一定的高度，在圆上均匀地打 4 个点，矢量定义为当前工作平面的法矢方向。屏幕中显示圆 1 程序，如图 3-1-35 所示。

```
圆1    =特征/圆,直角坐标,内,最小二乘方
       理论值/<209.902,443.303,-463.981>,<0.0007102,0.002868,0.9999956>,15.068
       实际值/<209.902,443.303,-463.981>,<0.0007102,0.002868,0.9999956>,15.068
       测定/圆,5,特征=平面1
         触测/基本,常规,<210.185,450.871,-463.99>,<-0.0374485,-0.9992944,0.0028926>,<
         触测/基本,常规,<210.185,435.755,-463.979>,<-0.0375076,0.9992923,-0.0028393>,
         触测/基本,常规,<216.978,445.799,-463.987>,<-0.9430628,-0.3326108,0.0016237>,
         触测/基本,常规,<202.833,445.799,-463.984>,<0.942943,-0.3329541,0.0002853>,<2
         触测/基本,常规,<202.78,445.79,-463.983>,<0.9441186,-0.329606,0.0002748>,<202
       终止测量/
```

图 3-1-35　圆 1 程序

可以使用同样的方法测量圆 2。

3）测量圆柱 1

单击手动测量圆柱的快捷键图标，用操作盒来测量圆柱 1。当测量圆柱时，应分层来测量，共测量不在同一平面上的 6 个点，它们至少分两层，每层均匀测量 3 点。矢量定义为由起始层指向终止层。屏幕中显示圆柱 1 程序，如图 3-1-36 所示。

```
柱体1   =特征/柱体,直角坐标,内,最小二乘方
        理论值/<149.045,445.966,-472.519>,<-0.0037439,-0.0075065,0.9999648>,15.256,14.828
        实际值/<149.045,445.966,-472.519>,<-0.0037439,-0.0075065,0.9999648>,15.256,14.828
        测定/柱体,11
          触测/基本,常规,<150.423,453.608,-479.871>,<-0.1752878,-0.9844844,-0.0080465>,<150
          触测/基本,常规,<150.42,438.372,-479.898>,<-0.1735144,0.9848082,0.006743>,<150.42,
          触测/基本,常规,<155.781,449.682,-479.873>,<-0.8778403,-0.478904,-0.0068817>,<155.
          触测/基本,常规,<155.796,449.682,-479.874>,<-0.8782862,-0.4780858,-0.0068772>,<155
          触测/基本,常规,<142.278,449.67,-479.885>,<0.8809764,-0.4731601,-0.0002535>,<142.2
          触测/基本,常规,<149.274,453.518,-465.133>,<-0.0337491,-0.9994012,-0.0076286>,<149
          触测/基本,常规,<149.275,438.381,-465.161>,<-0.0342745,0.9993853,0.0073738>,<149.2
          触测/基本,常规,<156.139,448.41,-465.136>,<-0.9436012,-0.3310295,-0.0060178>,<156.
          触测/基本,常规,<156.187,448.41,-465.138>,<-0.9442905,-0.3290582,-0.0060056>,<156.
          触测/基本,常规,<141.918,448.412,-465.149>,<0.9431728,-0.332301,0.0010368>,<141.918
          触测/基本,常规,<141.823,448.396,-465.147>,<0.9451815,-0.3265436,0.0010875>,<141.82
        终止测量/
```

图 3-1-36　圆柱 1 程序

这样，手动测量轴承端盖几何特征就完成了。

手动测量几何特征有如下注意事项：

（1）尽量测量零件的最大范围，合理分布测点位置，测量适当的点数；

（2）触测时应按下慢速键，控制好触测速度，测量各点时的速度要一致；

（3）测量二维几何特征时，须确认选择了正确的工作（投影）平面。

任务实施

讨论分析下列问题：

手动测量几何元素特征时，各元素的测量方法有何不同？

知识拓展

手动测量轴承端盖上的平面、圆、圆柱三种元素。

項目二

箱体的智能测量

■■◣ **项目目标**

了解并掌握几何特征的种类及自动测量各种参数的设置和测量方法；

掌握建立零件坐标系（粗建、精建坐标系）的方法；

熟练掌握构造几何特征的方法；

熟练掌握测头的选择和校验方法。

■■◣ **任务列表**

学习任务	知识点
任务一　测头的选择和校验	测头选择的步骤和校验方法
任务二　几何特征的测量	自动测量几何特征的方法
任务三　建立零件坐标系	建立零件坐标系的方法（粗建、精建坐标系）
任务四　箱体的实际测量	自动测量几何特征，建立零件坐标系的方法

任务一　测头的选择和校验

■■◣ **任务导入**

在本任务中，要根据前述任务学习的知识来选择和校验测头。

分析测量箱体所需要的测头

在本模块的项目一中，我们已经学习了测头的选择和校验。在测量箱体时，从箱体图3-2-1 中可以看到，要测量箱体的各元素，应选择 A0B0、A90B0、A90B90、A90B−90、A90B180 这 5 个角度。在选择测头的命令中选定测头后，再自动校验测头。

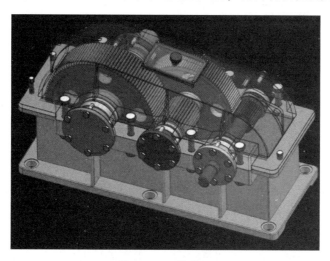

图3-2-1　箱体图

任务二　几何特征的测量

在三坐标测量中，几何特征的测量有两种：一种是手动测量；另一种是自动测量。本任务将着重介绍自动测量几何特征的方法。

1. 手动测量几何特征

1）手动测量几何特征的方式

在测量软件中有三种手动测量几何特征的方式。

（1）智能判别模式：在此种模式下，软件会根据测点的位置、矢量与数量等数据自动判断并且拟合几何特征，通常判断结果较为准确，但是对于一些测量范围比较小的特征也会出现判断失误的情况。

（2）替代推测模式：此种模式用于将软件拟合失误但测点数据可用的几何特征转换成实际需要的几何特征。

（3）选择模式：这是最常用的一种模式，推荐使用此种模式进行手动测量，简单地说这种模式就是测什么选什么，这样可以有效避免拟合失误的情况。

2）手动测量几何特征时快捷键的使用

以下为手动测量几何特征时的具体操作与对应的快捷键。

（1）删除点：手操盒上的<DEL. PNT>键或键盘上的<Alt+->组合键。

（2）完成数据采集：手操盒上的<Done>键或键盘上的<End>键。

（3）加移动点：手操盒上的<Print>键或键盘上的<Ctrl+M>组合键。

3）替代推测

PC-DMIS具有自动判断几何特征的功能，但是有时特征类型不太明确时会出现误判断的情况。例如，一个比较窄的面可能会判断为一条线，这时就可以利用替代推测来进行特征类型的强制转换。具体步骤如下：

（1）将光标置于编辑窗口的被误判的几何特征位置；

（2）从"编辑"→"替代推测"的推测类型中选择期望的特征类型即可（对于转换得到的特征，应将其重新自动运行一次）。

4）手动测量几何特征时的注意事项

使用手动方式（操纵杆方式）测量工件时，需要操作人员具备一定的操作经验，并注意几个方面的问题：

（1）要尽量测量工件的最大范围，合理分布测点位置和测量适当的点数；

（2）测点时的方向要尽量沿着测量点的法向方向，避免测头"打滑"；

（3）测点的速度要控制好，测各点时的速度要一致；

（4）测量时要选择好相应的工作（投影）平面或坐标平面。

2. 自动测量几何特征

在自动测量几何特征时，要先切换为自动测量模式，其快捷键如图3-2-2所示。

图3-2-2　自动测量模式的快捷键

生成自动测量几何特征的过程，是操作者在软件界面中输入几何特征的属性参数，或在计算机辅助设计软件（CAD）上选取几何特征，由软件自动读取特征属性，并由程序自动生成测点和运动轨迹的过程。当没有CAD时，一般根据图纸将相关理论数据按照自动测量几何特征的需要填写到自动特征界面中，程序自动生成移动和测量点，驱动三坐标测量机进行测量；当没有CAD数据时，工件上一些不方便使用自动测量几何特征命令的测量元素，可以使用手动测量采集几何特征数据，这些手动测量的几何特征在自动测量模式下是可以自动测量的（其前提是给出合理的移动点）。

3. 自动测量几何特征命令介绍

自动测量几何特征工具条如图 3-2-3 所示。

图 3-2-3　自动测量几何特征工具条

自动测量几何特征工具条中常用的有"自动矢量点""自动圆""自动圆柱""自动圆锥""自动球"命令。另外，"自动线"和"自动面"等命令多数情况下不用。

下面重点介绍常用的自动测量几何特征命令，即点、圆、圆柱这三种几何特征的自动测量命令，圆锥与球的自动测量方法参照这三种命令。

1）自动测量矢量点

打开"自动矢量点"命令的方法：选择"插入"→"特征"→"自动"→"矢量点"命令或双击自动测量几何特征工具条中的"自动矢量点"图标，弹出"自动特征[点 1]"对话框，如图 3-2-4 所示。

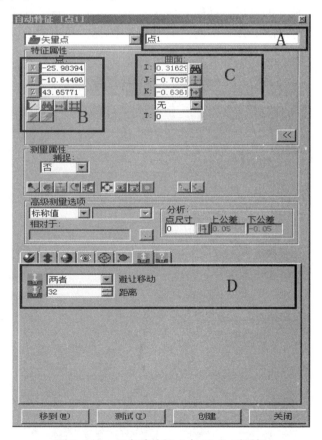

图 3-2-4　"自动特征[点 1]"对话框

图 3-2-4 中标注的 A、B、C、D 4 个区域对应的功能及作用见表 3-2-1。创建一个自动矢量点需要在这 4 个区域中按顺序进行正确的参数设置，设置完成后单击"创建"按钮

即可。

表 3-2-1   A、B、C、D 4 个区域对应的功能及作用

区　域	功　能	作　用
A	输入特征标识	为创建的"点"特征进行有效命名，有助于梳理编程思路
B	输入点在当前工件坐标系下的 X、Y、Z 坐标值	驱动三坐标测量机移动到测点的位置，获取理论值
C	输入矢量方向	①规定测针触测的方向； ②给出半径补偿方向
D	设置安全距离	①有助于自动程序的安全运行，但要考虑程序中已经设置过的移动点与安全平面，不要重复，不要互相冲突； ②对于矢量点，安全距离点位于沿点的矢量方向上并且远离工件的某个位置

2）自动测量圆

打开"自动圆"命令的方法：选择"插入"→"特征"→"自动"→"自动圆"命令或双击自动测量几何特征工具条中的"自动圆"图标，弹出"自动特征［圆9］"对话框，如图 3-2-5、图 3-2-6、图 3-2-7 所示。

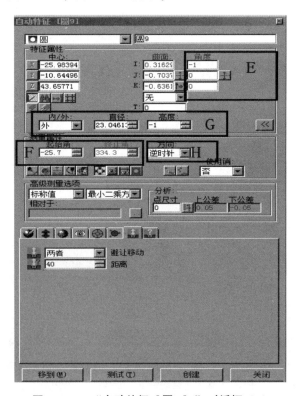

图 3-2-5   "自动特征［圆9］"对话框（1）

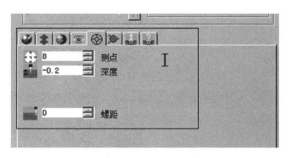

图3-2-6　"自动特征［圆9］"对话框（2）

图3-2-7　"自动特征［圆9］"对话框（3）

图3-2-5～图3-2-7中标注的各区域对应的功能及作用见表3-2-2，其中A～D4个区域与图3-2-4创建自动矢量点的位置相同。创建自动圆需要在表3-2-2中A～J共10个区域按顺序进行正确的参数设置，设置完成后单击"创建"按钮即可。

表3-2-2　各区域对应的功能及作用

区　域	功　能	作　用
A	输入特征标识	为创建的"圆"特征进行有效命名，有助于梳理编程思路
B	输入圆心在当前工件坐标系下的X、Y、Z坐标值	驱动三坐标测量机移动到被测圆的圆心位置，获取理论值
C	输入矢量方向	①规定测针触测的方向；②给出半径补偿方向；③指明圆心点的矢量方向
D	设置安全距离	①有助于自动程序的安全运行；②安全距离点位于沿圆心点的矢量方向上，并且远离工件的某个位置
E	角矢量	用于定义测量第一个测点的0°位置
F	第一个点和最后一个点的位置	①控制点与点之间的间隙；②测量非整圆
G	测量时每一个点的触测方向	定义内孔、外圆的测量方案，规划测量路径

区 域	功 能	作 用
H	测量方向	顺、逆时针方向测量
I	设置测点、深度和螺距等	对于内圆，深度向下；对于外圆，深度由底部向顶部。如下图所示 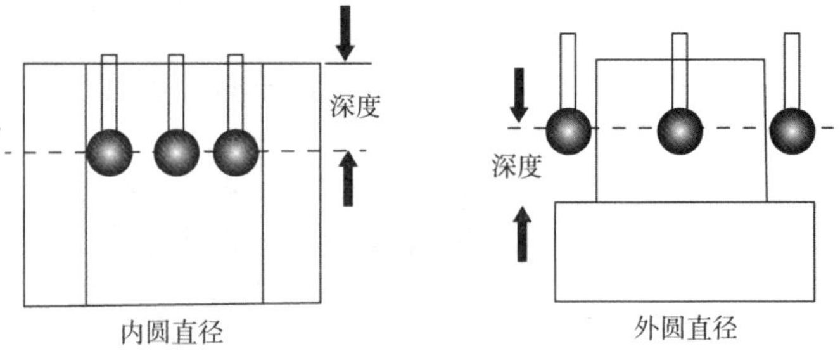 内圆直径　　　　　外圆直径
J	样例点	常用于易变形的非金属制品或钣金件等

在"自动特征 [圆 9]"对话框的"高级测量选项"选项组中有圆的计算方法，以下为其中各个选项及其含义。

"最小二乘方"选项——所有用来参与计算的圆的点与生成圆的圆心的距离，在沿半径方向上的距离的平方和最小。

"最小间隔"选项——所有用来参与计算的圆的点到所生成圆的距离最小。

"最大内切"选项——生成的圆是一个在所有点之内的圆中最大的圆。这个选项可以用于检测和一个轴相匹配的孔，结果可以将在测量孔中直径最大的轴配合进去。

"最小外接"选项——生成的圆是一个包含所有点的圆中最小的圆。这个选项可以用来检测外圆柱或者与孔相匹配的轴，生成的圆将是匹配轴直径最小的圆。

"固定半径"选项——根据理论半径计算出圆的 X、Y、Z 值，因此任何一点到圆周的距离都是最小的。除直径不允许改变之外，这一选项和"最小间隔"选项类似。

3）自动测量圆柱

打开"自动圆柱"命令的方法：选择"插入"→"特征"→"自动"→"自动圆柱"命令或双击自动测量几何特征工具条中的"自动圆柱"图标，弹出如图 3-2-8 所示的"自动特征 [柱体 4]"对话框。"自动圆柱"命令与"自动圆"命令很多地方都是相同的，因为圆柱是由多层截面圆构成的，所以圆柱是三维特征，测量时应注意至少需要测量两层截面圆。

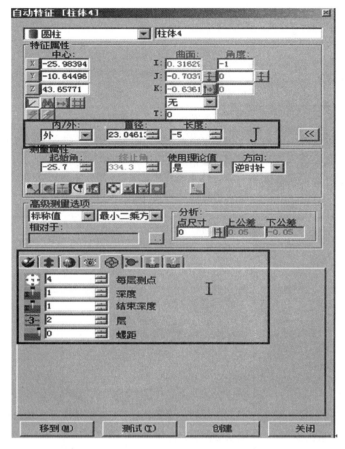

图 3-2-8 "自动特征［柱体 4］"对话框

图 3-2-8 中标注的各区域对应的功能及作用见表 3-2-3，其中 A～H 8 个区域与图 3-2-5 创建的自动圆位置相同，详见图 3-2-4 和图 3-2-5。创建自动圆柱需要在表 3-2-3 中 A～J 共 10 个区域按顺序进行正确的参数设置，设置完成后单击"创建"按钮即可。

表 3-2-3 各区域对应的功能及作用

区 域	功 能	作 用
A	输入特征标识	为创建的"圆柱"特征进行有效命名，有助于梳理编程思路
B	输入圆柱与工件表面相交圆的圆心在当前工件坐标系下的 X、Y、Z 坐标值	驱动三坐标测量机移动到需要测量的位置，获取理论值
C	输入矢量方向	①规定测针触测的方向； ②给出半径补偿方向； ③圆柱的测量：由起始层指向终止层的方向

区 域	功 能	作 用
D	设置安全距离	①有助于自动程序的安全运行； ②安全距离点位于沿圆柱的矢量方向上，并且远离工件的某个位置
E	角矢量	用于定义测量第一个测点的0°位置
F	第一个点和最后一个点的位置	①控制点与点之间的间隙； ②测量非整圆
G	测量时每一个点的触测方向	定义内孔、外圆的测量方案，规划测量路径
H	测量方向	顺、逆时针方向测量
I	设置每层的测点数、测量层数和测量位置	测量圆柱时矢量、长度、深度、结束深度的关系如下图所示： 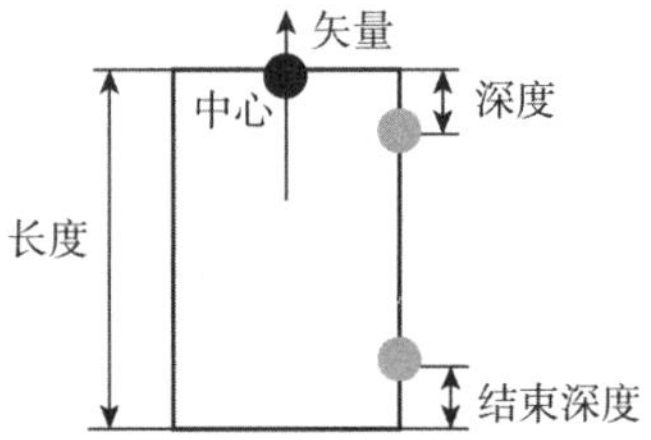 深度：相对于圆柱顶部的距离，即三坐标测量机在柱体上测量的最后一层的位置，其数值是相对于圆柱的理论值沿着圆柱的法向矢量的相反方向偏置； 结束深度：相对于圆柱底部的距离，即测量机在柱体上测量的第一层的位置，其数值是相对于圆柱的理论值沿着圆柱的法向矢量的方向偏置； 第一层的测量位置：圆柱的长度 – 深度 – 测量长度； 最后一层的测量位置：圆柱的长度 – 深度； 层数：在圆柱的深度位置和结束偏置位置之间测量的层数，每层之间的距离是等分的； 每层测点：在每一层上测量的点数
J	长度	用于定义圆柱的总长度

4. 构造几何特征

在日常的检测过程中有些几何特征无法直接测量得到，必须使用构造功能构造相应的几何特征，才能完成几何特征的评价。下面介绍几种常用的构造方法：最佳拟合、最佳拟合重新补偿、相交、中分、坐标系、偏置等。

1）构造几何特征具体步骤

（1）构造一个需要得到选择的几何特征；

（2）选择2D/3D（对于直线、圆等二维的几何特征，2D 是计算时投影到的工作平面，

3D 是空间几何特征；

（3）选择用于构造的几何特征；

（4）选择相应构造方法或默认自动创建。

2）常用的构造方法

（1）点的构造方法有相交、原点、垂射、投影、套用、中点、隔角点、刺穿、偏置等。

（2）线（2D 线、3D 线）的构造方法有坐标轴、最佳拟合、最佳拟合重新补偿、套用、相交、中分、平行、垂直、投影、翻转、扫描段和偏置等。

（3）面的构造方法有坐标轴、最佳拟合、最佳拟合重新补偿、中分面、垂直、平行、高点、偏置、翻转和套用等。

（4）圆（内、外圆）的构造方法有最佳拟合、最佳拟合重新补偿、相交、圆锥、套用、投影、翻转和扫描段等。

3）构造几何特征命令介绍

PC-DMIS 软件中用于构造几何特征常用的有"点""线""平面""圆"命令。

（1）构造点的具体操作。打开"点"命令方法：选择"插入"→"特征"→"构造"→"点"命令或双击构造几何特征工具条中的"点"图标。

PC-DMIS 中有多种方法用于构造各种有用的点，每种方法对所利用的特征类型及数目均有不同的要求，构造点的具体要求及方法含义见表 3-2-4。

表 3-2-4　构造点的具体要求及方法含义

构造几何特征类型	输入特征数	特征 1	特征 2	特征 3	注　释
套用点	1	任意	—	—	在输入特征的质心构造点
隔角点	3	平面	平面	平面	在三个平面的交叉处构造点
垂点	2	任意	锥体、柱体、直线、槽	—	第一特征的质心垂射到第二个直线特征上
交点	2	圆、锥体、柱体、直线、槽	圆、锥体、柱体、直线、槽	—	在两个特征的线性属性交叉处构造点
中点	2	任意	任意	—	在输入的质心之间构造中点
偏置点	1	任意	—	—	需要对应输入元素 X、Y、Z 的坐标值的 3 个偏置量
原点	0	—	—	—	在坐标原点处构造点
刺穿点	2	锥体、柱体、直线、槽	锥体、柱体、平面、球体、圆、椭圆		在特征 1 刺穿特征 2 的曲面处构造点，选择顺序很重要。如果第一个特征是直线，则方向很重要
投影点	1 或 2	任意	平面	—	输入特征 1 将质心射影到平面上

（2）构造直线的具体操作。打开"直线"命令方法：选择"插入"→"特征"→"构造"→"线"命令或双击构造几何特征工具条中的"直线"图标。

构造直线的具体要求及方法含义见表3-2-5。

表3-2-5　构造直线的具体要求及方法含义

构造特征类型	输入特征数	特征1	特征2	注　　释
坐标系直线	0	—	—	构造一条通过坐标系原点而且与当前工作平面垂直的直线
最佳拟合直线	至少需要两个输入特征	—	—	把两个或两个以上特征的实际测定值拟合成一条直线
最佳拟合重新补偿直线	至少需要两个输入特征（其中一个必须是点）	—	—	先把两个或两个以上特征测量时测针的中心值拟合成一条直线，然后再补偿
套用直线	1	任意	—	在输入特征之间构造中线
相交直线	2	平面	平面	在两个平面的相交处构造直线
中线	2	直线、锥体、柱体、槽	直线、锥体、柱体、槽	在输入特征之间构造中线
偏置直线	至少需要两个输入特征	任意	任意	构造一条相对于输入元素具有制定偏置移量的直线
平行直线	2	任意	任意	构造平行于第一个特征，通过第二个特征的直线
垂直直线	2	任意	任意	构造垂直于第一个特征，通过第二个特征的直线
投影直线	1 或 2	—	平面	使用一个输入特征将直线射影到工作平面上
翻转直线	1	直线	—	利用翻转矢量构造通过输入特征的直线
扫描段直线	1	扫描	—	由开放路径或闭合路径扫描的一部分构造直线

（3）构造平面的具体操作。打开"平面"命令方法：选择"插入"→"特征"→"构造"→"平面"命令或双击构造几何特征工具条中的"平面"图标。

构造平面的具体要求及方法含义见表3-2-6。

表3-2-6 构造平面的具体要求及方法含义

构造特征类型	输入特征数	特征1	特征2	特征3	注 释
坐标系平面	0	—	—	—	在坐标系原点处构造平面
最佳拟合平面	至少需要3个输入特征	—	—	—	利用输入特征构造最佳拟合平面
最佳拟合重新补偿平面	至少需要3个输入特征（其中一个必须是点）	—	—	—	利用输入特征构造最佳拟合平面
套用平面	1	任意	—	—	在输入特征质心构造平面
最高点平面	1个特征组（至少使用3个特征）或者1个扫描	如果输入为特征组，则使用任意特征；如果输入为扫描，则使用片区扫描	利用最高的可用点来构造平面	—	—
中分面	2	任意	任意	—	在输入特征质心构造平面
偏置平面	至少需要3个输入特征	任意	任意	任意	构造偏置于每个输入特征的平面
平行平面	2	任意	任意	—	构造平行于第一个特征，通过第二个特征的直线
垂直平面	2	任意	任意	—	构造垂直于第一个特征，通过第二个特征的直线
翻转平面	1	平面	—	—	利用翻转矢量构造通过输入特征的平面

（4）构造圆的具体操作。打开"圆"命令方法：选择"插入"→"特征"→"构造"→"圆"命令或双击构造几何特征工具条中的"圆"图标。

构造圆的具体要求及方法含义见表3-2-7。

表 3-2-7 构造圆的具体要求及方法含义

构造特征类型	输入特征数	特征 1	特征 2	特征 3	注 释
最佳拟合圆	至少需要 3 个输入特征	任意	任意	任意	利用输入特征构造最佳拟合圆
最佳拟合重新补偿圆	至少需要 3 个输入特征（其中一个必须是点）	任意	任意	任意	利用输入特征构造最佳拟合圆
套用圆	1	任意	—	—	在输入特征的质心构造圆 对于没有直径的特征（直线、点等），将使用 4 倍于测头直径的值；圆的直径可以更改，PC-DMIS 会将更改后的直径值（而不是上述默认的直径值）用于所有计算
锥体圆（也称为 GAGE）直径	1		—	—	在锥体指定的直径或高度处构造圆
相交圆	2	圆、球、锥体或柱体	面	—	在圆弧特征与平面、锥体或柱体相交处构造圆
		面	圆、球、锥体或柱体	—	
		锥体	锥体或柱体	—	
		柱体	锥体	—	
投影圆	1 或 2	任意	平面	—	PC-DMIS 会将给定特征的质心投影到平面上从而构造一个圆。如果只有一个输入特征，则将投影到当前工作平面上
翻转圆	1	圆	—	—	利用翻转矢量构造圆
扫描段圆	1	扫描	—	—	由开放路径或闭合路径扫描的一部分构造圆弧

任务实施

1. 三坐标测量机按自动化程度不同，测量方式有哪几种，各有什么特点？

2. 构造几何特征有什么作用？为什么需要用到构造几何特征功能？

知识拓展

在测量箱体的几何特征时，自动测量几何特征时应怎样设置各参数？

任务三 建立零件坐标系

任务导入

在批量测量零件时，需要建立零件坐标系（本书有时简称为坐标系）。

知识链接

1. 建立零件坐标系的原理

1）坐标系

笛卡儿直角坐标系，遵循右手定则，三条互相垂直的坐标轴（简称三轴）和三轴相交的原点构成了三维直角坐标系。图3-2-9为右手定则。

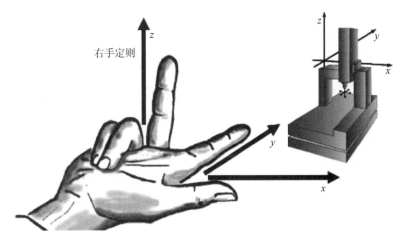

图3-2-9 右手定则

2）坐标

空间任意一点投影到三轴就会有三个相应的数值，即三轴的坐标值，就能对应找到空间的点的位置。在测量过程中，说明几何特征的位置要选取参照，规定参照为建立坐标系。图3-2-10为三维直角坐标系。

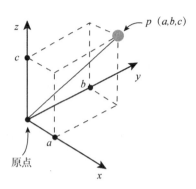

图 3-2-10　三维直角坐标系

3）矢量

在三维直角坐标系中的点，除了有位置外，还要有方向，即矢量。图 3-2-11 为矢量的方向。

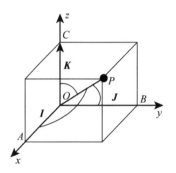

图 3-2-11　矢量的方向

图 3-2-11 中点 P 在坐标系中不仅有 x、y、z 的位置，还有分别对应的 I、J、K 的矢量方向，它的方向大小分别为与 x、y、z 三根轴的余弦值。α 是与 x 轴的夹角，β 是与 y 轴的夹角，γ 是与 z 轴的夹角。

$$I = \cos \alpha$$
$$J = \cos \beta$$
$$K = \cos \gamma$$

从图 3-2-11 矢量的方向中可以看出：

x 正向的矢量是：$(1, 0, 0)$；

x 负向的矢量是：$(-1, 0, 0)$；

y 正向的矢量是：$(0, 1, 0)$；

y 负向的矢量是：$(0, -1, 0)$；

z 正向的矢量是：$(0, 0, 1)$；

z 负向的矢量是：$(0, 0, -1)$。

4）零件坐标系的原理

在测量过程中，我们往往需要利用零件的基准建立坐标系来评价公差，进行辅助测量、指定零件位置等，这个坐标系称为零件坐标系。建立零件坐标系要根据零件图纸指定的 A、B、C 基准的顺序指定第一轴、第二轴和坐标零点，顺序不能颠倒。零件坐标系的使用非常灵活、方便，可以为我们提供很多方便，甚至可以利用零件坐标系生成我们测不到的几何特征。

建立零件坐标系，实际上就是建立被测零件和三坐标测量机之间的坐标系矩阵关系；在导入 CAD 模型进行测量时，同时也建立了被测零件、CAD 模型、三坐标测量机三者之间的坐标系矩阵关系。

按照执行方式的不同，零件坐标系又分为手动坐标系和自动坐标系。

手动坐标系的目的是确定零件的位置，为后面程序自动运行做准备，所以通常会测量最少的测量点数，又称粗建坐标系；自动坐标系的目的是准确测量相关基准元素，作为后续尺寸评价的基准，所以通常会测量更多的点数，又称精建坐标系。由于自动坐标系是自动运行的，所以测量几何特征时需要加上安全移动点。

建立零件坐标系后，三坐标测量机可以相对于零件做出精密的位置和方向测量，根据图纸或 CAD 模型获取被测特征的参数后，三坐标测量机对该特征进行自动测量，从而提高了测量几何特征的精度，这是保证测量结果高精度的重要环节。尤其对于大批量的零件检测，通过在装夹零件的夹具上建立夹具的坐标系，可以实现大批量零件的全自动测量。

2. 零件坐标系的建立方法

零件坐标系分为 6 个自由度，这 6 个自由度分别为：三个平动的自由度（X_0、Y_0、Z_0）；三个转动的自由度（R_x、R_y、R_z）。图 3-2-12 为零件坐标系分的 6 个自由度。

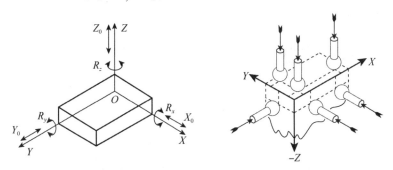

图 3-2-12 零件坐标系分的 6 个自由度

只要限制住 6 个自由度，就可以建立一个固定的零件坐标系。

建立零件坐标系的方法：校正零件坐标系是建立零件坐标系的过程。通过数学计算，将机器坐标系和零件坐标系联系起来。

建立零件坐标系的步骤如下。

（1）找正：找正零件坐标系第一轴，使用第一基准平面特征的矢量方向确定零件坐标系的第一轴向（确定一个坐标平面）。

（2）旋转：围绕第一轴，旋转确定第二轴，第三轴方向也同时确定。利用第二基准面上的几何特征，确定第二轴。旋转要素需垂直于已找正的几何特征，这控制着轴线相对于工作平面的旋转定位。

（3）原点设定：用基准确定零件坐标系的 3 个零位，将 x、y、z 方向的三个原点分别平移到三个基准的测量几何特征上。

3. 建立零件坐标系示例

1）面-线-点建立零件坐标系

新建测量程序，程序名称为"面线点坐标系"，单位：mm；

（1）测量平面1，如图 3-2-13 所示；

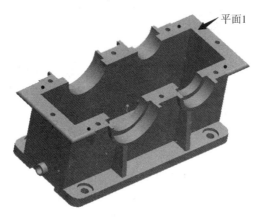

图 3-2-13　测量平面

（2）打开"坐标系功能"对话框：选择"插入"→"坐标系"→"新建"；

（3）接着选择"平面 1"→"Z 正"→"找正"，并单击"确定"按钮创建坐标系 A1，如图 3-2-14 所示；

图 3-2-14　创建坐标系 A1

（4）选择工作平面"Z 正"，如图 3-2-15 所示；

图 3-2-15　选择工作平面

（5）测量直线 1，如图 3-2-16 所示；

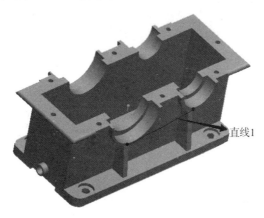

图 3-2-16　测量直线

（6）再次打开"坐标系功能"对话框：选择"插入"→"坐标系"→"新建"；

（7）然后选择"直线 1"，"旋转到"→"X 正"，"围绕"→"Z 正"，单击"旋转"按钮，再单击"确定"按钮，创建坐标系 A2，如图 3-2-17 所示；

图 3-2-17　创建坐标系 A2

（8）测量点 1，如图 3-2-18 所示；

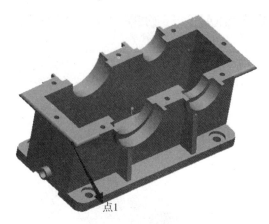

图 3-2-18　测量点

（9）打开"坐标系功能"对话框：选择"插入"→"坐标系"→"新建"；

（10）分别选择："点 1"→"X"→"原点"；"直线 1"→"Y"→"原点"；"平面
1"→"Z"→"原点"，最后单击"确定"按钮创建坐标系 A3，如图 3-2-19 所示；

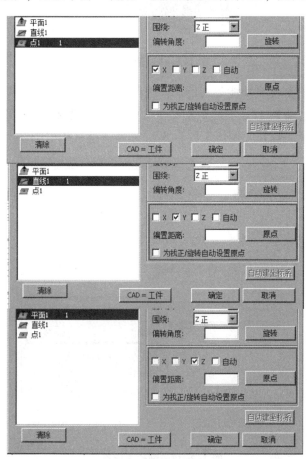

图 3-2-19　创建坐标系 A3

（11）检查坐标系建立是否正确，A3 坐标系即为创建后的零件坐标系。

2）面-面-面法建立零件坐标系

（1）测量平面 1；

（2）打开"坐标系功能"对话框：选择"插入"→"坐标系"→"新建"；

（3）选择"平面 1"→"Z 正"→"找正"，单击"确定"按钮创建坐标系 A1；

（4）测量平面 2；

（5）打开"坐标系功能"对话框：选择"插入"→"坐标系"→"新建"；

（6）选择"平面 2"，"旋转到"→"Y 负"，"围绕"→"Z 正"，单击"旋转"按钮，再单击"确定"按钮创建坐标系 A2；

（7）测量平面 3；

（8）打开"坐标系功能"对话框：选择"插入"→"坐标系"→"新建"；

（9）分别选择："平面 3"→"X"→"原点"，"平面 2"→"Y"→"原点"，"平面 1"→"Z"→"原点"，最后单击"确定"按钮创建坐标系 A3；

（10）检查坐标系建立是否正确。

3）面-圆-圆法建立零件坐标系

新建测量程序，程序名称为"面圆圆坐标系"，单位：mm；

（1）测量平面 1；

（2）打开"坐标系功能"对话框：选择"插入"→"坐标系"→"新建"；

（3）选择"平面 1"→"Z 正"→"找正"，单击"确定"按钮创建坐标系 A1；

（4）选择工作平面"Z 正"；

（5）测量圆 1、圆 2；

（6）打开"坐标系功能"对话框：选择"插入"→"坐标系"→"新建"；

（7）选择"圆 1""圆 2"，"旋转到"→"X 正"，"围绕"→"Z 正"，最后单击"旋转"按钮；

（8）分别选择："圆 1"→"X""Y"→"原点"，"平面 1"→"Z"→"原点"，单击"确定"按钮创建坐标系 A2；

（9）检查坐标系建立是否正确，A2 坐标系即为创建后的零件坐标系。

4）自动建立坐标系

以上述方法建立的三种坐标系是粗建坐标系，而通过自动建立坐标系方法建立的坐标系，称为精建坐标系。

自动建立坐标系，首先要设置移动点。移动点在自动测量中，是为安全设置的。

（1）程序自动运行时设置的机器运动参数。①按<F5>键，设置绝对速度的运动参数如图 3-2-20 和图 3-2-21 所示；

图 3-2-20　绝对速度的运动参数设置（1）　　　图 3-2-21　绝对速度的运动参数设置（2）

②按<F10>键，设置运动参数如图 3-2-22 和图 3-2-23 所示。

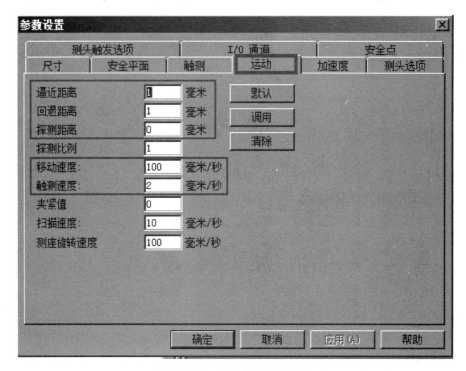

图 3-2-22　运动参数设置（1）

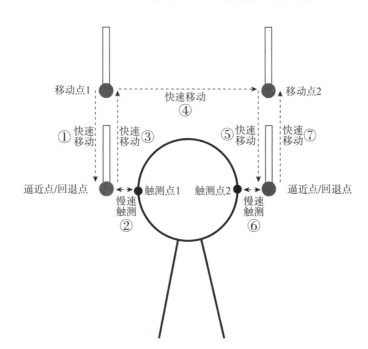

图 3-2-23　运动参数设置（2）

（2）自动建立坐标系。以图 3-2-24 零件图为例。

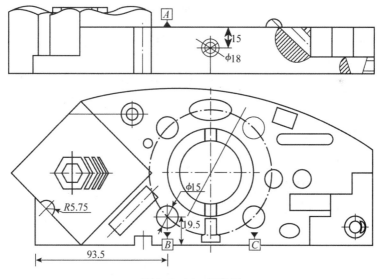

图 3-2-24　零件图

①在建立面-线-点零件坐标系后，按<Alt+Z>组合键，切换到自动模式；

②在适当位置添加移动点，手动测量自动运行的平面2；

③创建坐标系，选择"平面2"→"Z 正"→"找正"，单击"确定"按钮创建坐标系；

④选择工作平面"Z 正"；

⑤在适当位置添加移动点，测量自动运行的圆1、圆2；

⑥选择"圆1""圆2"，"旋转到"→"X正"，"围绕"→"Z正"，最后单击"旋转"按钮；

⑦分别选择："圆1"→"X""Y"→"原点"，"平面2"→"Z"→"原点"；

⑧选择"Y方向"，在偏置距离窗口输入"-19.5"，单击"原点"按钮，偏置后坐标系结果显示如图3-2-25所示，最后单击"确定"按钮，完成坐标系。

按<Ctrl+Q>组合键则从程序开头开始自动运行。

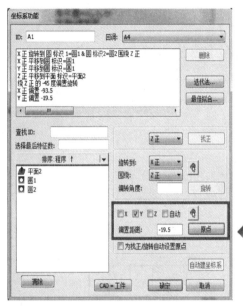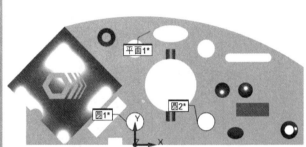

图3-2-25 偏置后坐标系结果显示

任务实施

分析讨论以下问题：

（1）坐标系的分类有什么？

（2）简述三坐标测量机坐标系的作用。

知识拓展

讨论三坐标测量机建立坐标系的方法及其原理，并根据实际零件粗建和精建坐标系。

任务四 箱体的实际测量

任务导入

图 3-2-26 和图 3-2-27 为箱体的立体图和箱体零件图。根据前面 3 个任务所学的知识和技能，来实际测量箱体的有关尺寸并建立坐标系。

图 3-2-26 箱体的立体图

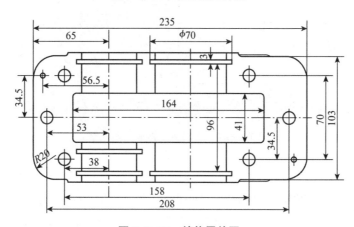

图 3-2-27 箱体零件图

知识链接

1. 选择测头

根据零件图分析可知，所选用的测头方向有 A0B0、A90B0、A90B90、A90B-90 和 A90B180。

用 A0B0 测量底座的上端面各尺寸，用 A0B0、A90B0、A90B90、A90B-90、A90B180
等测头来测量槽宽及槽长的尺寸（41、164）。

2. 校验测头

（1）选择"插入"→"硬件定义"→"测头"命令进入测头功能窗口或者按<F9>键
加载测头命令；

（2）定义测头文件、测头配置，在图 3-2-28 中单击"未定义测头"的提示语句，在
测头说明的下拉菜单中选择使用的测座型号，在右侧窗口中会出现该型号的测座图形，依
次定义测座、测头、测针。

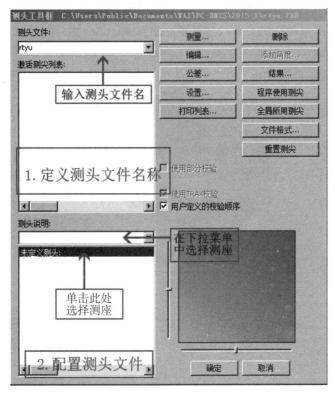

图 3-2-28　"测头工具框"对话框

3. 多角度检验

添加角度 A0B0、A90B0、A90B90、A90B-90 和 A90B180。在图 3-2-28 中单击"测
量..."按钮，在弹出来的测头检验对话框中进行参数设置。最后对测头进行校验，查看
结果。

4. 测量元素

箱体示意图如图 3-2-29 所示。

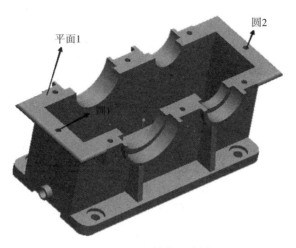

图 3-2-29　箱体示意图

（1）调测头 A0B0，手动测量平面 1，在手动测量时，要在合适的位置设置移动点；

（2）自动测量平面 1，选择程序中的平面 1，按<Ctrl+E>组合键，自动运行平面 1即可；

（3）自动测量圆 1，自动测量圆 2。

选择"插入"→"特征"→"自动"→"自动圆"命令或双击自动测量几何特征工具条中的"自动圆"图标。图 3-2-20 为"自动特征［圆 1］"对话框，在其中可进行参数设置。

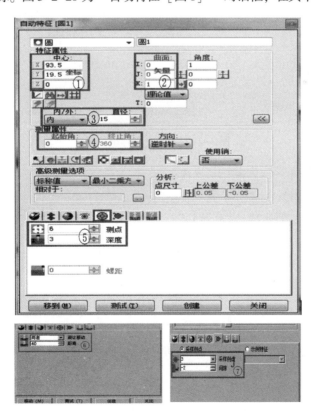

图 3-2-30　"自动特征［圆 1］"对话框

在图 3-2-30 中①处填"X""Y""Z"的坐标值；②处填"I""J""K"的矢量方向；③处填内孔直径，"直径"为 15；④处填"起始角"和"终止角"；⑤处填"测点"和"深度"；⑥处填自动测量时前测点与后测点的距离；⑦处填"采样例点"和"间隙"。全部填好后单击"创建"按钮即可。选择程序中的"圆 1"，按<Ctrl+E>组合键，自动运行圆 1 即可。圆 2 同理。

5. 建立零件坐标系

（1）打开"坐标系功能"对话框：选择"插入"→"坐标系"→"新建"命令，建立零件坐标系，如图 3-2-31 所示。

图 3-2-31 建立零件坐标系

（2）选择"平面 1"，"Z 正"→"找正"；

（3）选择"平面 1"为工作平面"Z 正"；

（4）选择"圆 1""圆 2"，"旋转到"→"X 正""围绕"→"Z 正"，最后单击"旋转"按钮；

（5）分别选择："圆 1"→"X""Y"→"原点"，"平面 1"→"Z"→"原点"，单击"确定"按钮创建坐标系 A1；

（6）检查坐标系建立是否正确，按<Ctrl+W>组合键，小屏幕显示"X""Y""Z"的值，用手动操纵杆控制三坐标测量机测头运动，使红宝石球尽量接近到圆 1 的圆心上，即零件坐标系的零点，如果偏离比较远或方向相反，需重新建立坐标系。

这样箱体的零件坐标系就建立了。

■■/\　**任务实施**

建立零件坐标系有哪几种方法？具体用哪几种几何特征详细说明？

■■/\　**知识拓展**

根据图 3-2-27，以实测的方式完成箱体几何特征的测量并建立零件坐标系。

项目三
叶轮的智能测量

项目目标

了解并掌握 CAD 辅助测量的方法、各种矢量点的拾取；

熟练掌握测头的校验方法；

熟练掌握用迭代法建立坐标系；

掌握坐标测量的尺寸误差评价以及零件报告的输出。

任务列表

学习任务	知识点
任务一 叶轮测头的选择和校验	测头选择的步骤，校验测头的方法
任务二 CAD 辅助测量	CAD 辅助测量的方法
任务三 迭代方法建立坐标系	用迭代方法建立坐标系的原理及方法
任务四 坐标测量的尺寸误差评价及报告输出	几何公差项目、符号及基准的要求，三坐标测量尺寸误差的评价
任务五 叶轮的实际测量	用迭代方法建立坐标系，实际测量叶轮的特征，并输出报告

任务一 叶轮测头的选择和校验

任务导入

在本任务中，要熟练掌握测头的选择和校验，根据前面学习的知识，来选择和校验测头。

知识链接

叶轮，又称工作轮，既指装有动叶轮盘的冲动式汽轮机转子的组成部分，又指轮盘与安装其上的转动叶片的总称。叶轮的制造水平、公差等级精度等都有很高的要求，广泛用于各种离心泵、离心式压缩机和液力偶合器等产品中。

叶轮的结构比较复杂，在选择测头时，由于测量要求不同，所选择的测头也不一样。在测量叶轮时，由于三坐标测量机测头的原因，选择 A0B0 方向测头。这个测头方向由于受测针长度的限制，不能把整个叶片测量完整。

测头的选择和校验，参看本模块项目一。

任务实施

测量不同的工件选择测针时需要注意什么？

知识拓展

总结测头校验的步骤，如何查看测头校验的结果？

任务二 CAD 辅助测量

任务导入

CAD 辅助测量是通过将待测零件对应的 CAD 模型导入并对设有尺寸数据的 CAD 模型取点，通过建立坐标系来进行测量的。

知识链接

1. CAD 导入和操作

PC-DMIS 为导入 CAD 模型的数据文件提供了多种数据类型，如 igs、dxf、xwg、step 等，一般采用 igs 格式。

1）"导入"菜单的路径

选择"文件"→"导入"，如图 3-3-1 所示。

图3-3-1 导入CAD数据

（1）选择所要导入CAD模型的数据类型"IGES..."；

（2）在"查找范围"下拉菜单中选择要导入文件所在的盘符，如"f:"，并在当前盘符下制定的目录中查找文件存放的位置；

（3）选择所要导入模型的名称，如"HEXAGON WIREFRAME_ SURFACE."，并单击"导入"按钮。

此时，CAD模型已经导入程序中，可以在图形窗口中看到导入的CAD模型。

单击图形视图按钮显示不同的视图、切换实体模式和线框模式，以及更改CAD的颜色。"编辑CAD元素"对话框如图3-3-2所示。

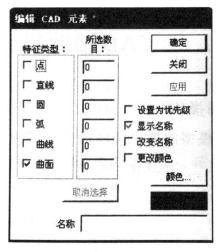

图3-3-2 "编辑CAD元素"对话框

2）CAD 坐标系的拟合

CAD 坐标系的拟合有以下两种方法。

（1）用 3-2-1 法建立坐标系，即"CAD＝PART（操作→图形显示窗口→CAD 拟合零件）"，这种 CAD 坐标系的拟合实际上是平移拟合，必须保证零件上的坐标系方向和原点与 CAD 坐标系一致，才能使用"CAD＝PART"。3-2-1 法也称常规建立坐标系法，主要用于在机器的行程内找到工件，是一种通用方法，又称"面、线、点"法。

（2）用迭代法或最佳拟合建立坐标系，可以实现旋转和平移的拟合。迭代法可以看作一种特殊的拟合，并且其中集成了迭代逼近等功能，主要用于基准点系统（RPS）的坐标系建立。

任务栏界面如图 3-3-3 所示，单击测头形状的"程序模式"图标，将操作界面切换到程序模式，此时可以在 CAD 上使用鼠标采点，相当于是用操纵盒在工件上采点。在实际使用中，经常是把程序模式和自动特征结合起来用于 CAD 辅助测量。

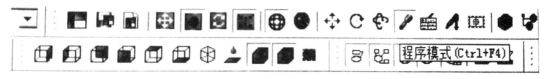

图 3-3-3　任务栏界面

3）有 CAD 的自动特征

如果工件测量提供 CAD 数模，则可以直接用鼠标单击选取测量对象，从而填写特征测量界面中的位置坐标和矢量参数。相比于提供图纸，利用 CAD 数模测量更加方便、快速、准确。数据的接受格式，一般支持 IGES、DXF、DES 和 STEP 等。

在 PC-DMIS 软件系统中，有 CAD 数模的测量，其特征设置界面与前述测量方法相同。如自动测量圆柱，可以在 CAD 数模上选取测量对象，在操作界面上自动生成特征的位置和矢量参数。其他特征的测量也都可以通过软件自动判断生成测量指令。

▰▰▰╲ 任务实施

分析讨论以下问题：

（1）PC-DMIS 对导入 CAD 模型的数据，一般采用什么格式？

（2）CAD 坐标系的拟合有几种方法？其具体内容是什么？

▰▰▰╲ 知识扩展

在 CAD 数模测量中，平面、圆和圆柱有何区别？

任务三 迭代法建立坐标系

▰▰\ **任务导入**

迭代法建立坐标系主要是用于薄板、曲面等，本任务将介绍迭代法建立坐标系。

▰▰\ **知识链接**

1. 迭代法建坐标系的原理

迭代法建立坐标系常用于汽车钣金件及其模具、检具、工装夹具的 RPS 基准点系统，如图 3-3-4 所示。

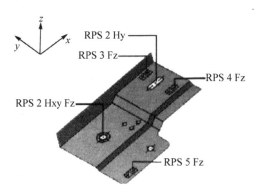

图 3-3-4 迭代法建立坐标系

迭代法是一种不断用变量的旧值递推新值的过程，跟迭代法相对应的是直接法（也称一次解法），即一次性解决问题。迭代法又分为精确迭代和近似迭代。迭代算法是用计算机解决问题的一种基本方法。它利用计算机运算速度快、适合做重复性操作的特点，让计算机对一组指令进行重复执行，在每次执行时，都从变量的原值推出它的一个新值。

在手动模式下，迭代法建立坐标系的步骤与过程如下：

（1）用理论值创建程序，但不选择待测量；

（2）手动执行程序，取得实测值；

（3）迭代法建立坐标系：配置参数后，自动迭代。

2. 典型案例

1）6点迭代

6点迭代的步骤如下：

（1）测量模式为手动模式；

（2）打开"自动特征［点1］"对话框，在CAD数模上选取矢量点，如图3-3-5所示（注：取点时要遵循6点迭代的取点原则）；

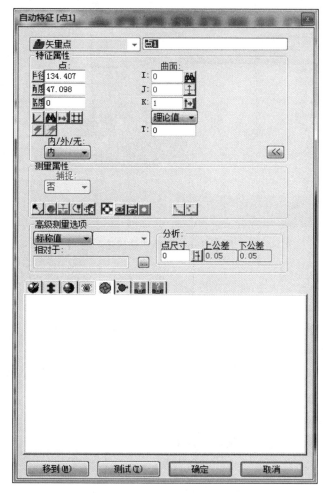

图3-3-5　"自动特征［点1］"对话框

（3）执行程序，手动测量所选取的6个点；

（4）建立坐标系，在"坐标系功能"对话框中选择"迭代法"，如图3-3-6所示。

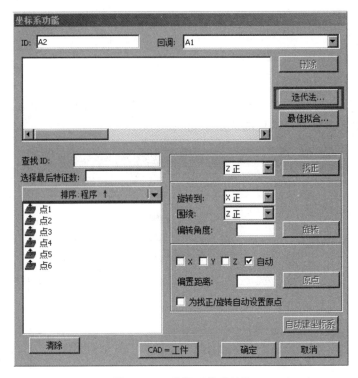

图 3-3-6 选择"迭代法"

2）执行程序

启动　＝坐标系 / 开始，回调：使用_ 零件_ 设置，列表—是

　　　坐标系 / 终止

　　　模式 / 手动

　　　格式 / 文本，选项，标定，符号，标称值，公差，测定值，偏差，超加载测头 /

　　　TESAATAR1

　　　测尖 /TIA0B0，支撑方向　IJK—0，0，1，角度—0

点1　＝特征 / 触测 / 矢量点 / 默认，极坐标

　　　理论值 /<134.407, 47.098, 0>, <0, 0, 1>

　　　实际值 /<134.407, 47.098, 0>, <0, 0, 1>

　　　目标值 /<134.407, 47.098, 0>, <0, 0, 1>

　　　显示特征参数—否

　　　显示相关参数—是

　　　自动移动—两者，距离—20

　　　显示触测—否

点2　＝特征 / 触测 / 矢量点 / 默认，极坐标

　　　理论值 /<178.05, 31.121, 0>, <0, 0, 1>

　　　实际值 /<178.05, 31.121, 0>, <0, 0, 1>

目标值/<178.05，31.121，0>，<0，0，1>

显示特征参数—否

显示相关参数—是

自动移动—两者，距离—20

显示触测—否

点3　=特征/触测/矢量点/默认，极坐标

理论值/<105.597，8.422，0>，<0，0，1>

实际值/<105.597，8.422，0>，<0，0，1>

目标值/<105.597，8.422，0>，<0，0，1>

显示特征参数—否

显示相关参数—是

自动移动—两者，距离—20

显示触测—否

点4　=特征/触测/矢量点/默认，极坐标

理论值/<93.578，0，-9.451>，<0，-1，0>

实际值/<93.578，0，-9.451>，<0，-1，0>

目标值/<93.578，0，-9.451>，<0，-1，0>

显示特征参数—否

显示相关参数—是

自动移动—两者，距离—20

显示触测—否

点5　=特征/触测/矢量点/默认，极坐标

理论值/<157.383，0，-10.103>，<0，-1，0>

实际值/<157.383，0，-10.103>，<0，-1，0>

目标值/<157.383，0，-10.103>，<0，-1，0>

显示特征参数—否

显示相关参数—是

自动移动—两者，距离—20

显示触测—否

点6　=特征/触测/矢量点/默认，极坐标

理论值/<10.869，90，-26.779>，<-1，0，0>

实际值/<10.869，90，-26.779>，<-1，0，0>

目标值/<10.869，90，-26.779>，<-1，0，0>

显示特征参数—否

显示相关参数—是

自动移动—两者，距离—20

显示触测—否

3)"迭代法"选择点

选择"点1""点2""点3"→"找正",单击"选择"按钮；

选择"点4""点5"→"旋转",单击"选择"按钮；

选择"点6"→"原点",单击"选择"按钮。

如图3-3-7所示为"迭代法"选择点。

 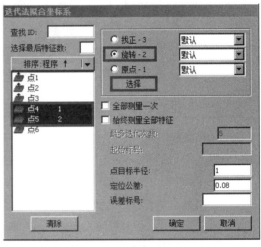

（a） （b）

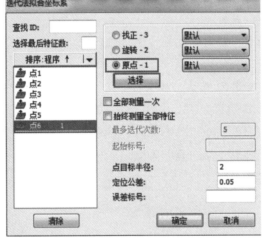

（c）

图3-3-7 "迭代法"选择点

（a）选择"点1""点2""点3"；（b）选择"点4""点5"；（c）选择"点6"

4）三坐标测量机自动测量

在"迭代法拟合坐标系"对话框的"点目标半径"文本框中输入这6个定位点的精度，勾选"全部执行一次"，单击"确定"按钮，按照软件提示，将测头移动到相应的安全位置，单击"确定"按钮，三坐标测量机将自动测量相应的点，如图3-3-8所示。

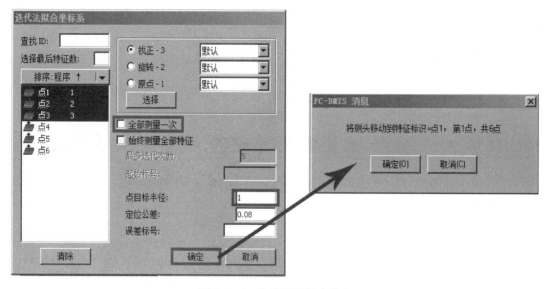

图 3-3-8　自动测量相应的点

5）生成坐标系

测量完毕后，软件将回到建立坐标系的"坐标系功能"对话框，单击"确定"按钮，程序窗口将生成坐标系，如图 3-3-9 所示。

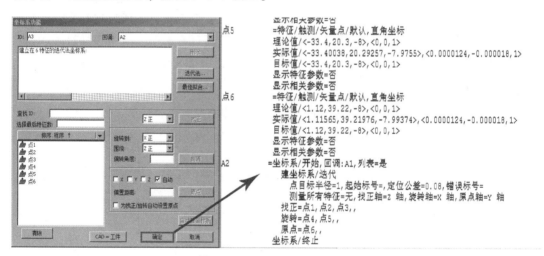

图 3-3-9　程序窗口生成坐标系

▰▰▰ 任务实施 ----

1. 什么是迭代法？

2. 简述迭代法建立坐标系的原理和具体方法。

知识拓展

在实验室中用不同的零件来练习测量，并用迭代法建立坐标系，分析测量方法有何不同。

任务四　坐标测量的尺寸误差评价及报告输出

任务导入

在学习坐标测量之前，我们必须掌握几何公差的项目和符号及各项的含义，这样在三坐标测量中才能更好地掌握几何公差在测量中的评价，并在零件测量完成后将报告输出。

知识链接

1. 几何公差项目和符号

几何公差（又称形位公差）项目和符号如表 3-3-1 所示。一般将几何公差项目分为 4 种类型：形状公差、方向公差、位置公差和跳动公差。其中形状公差项目有 6 个，由于它是对单一要素提出的要求，所以无基准要求；方向公差项目有 5 个，由于它是对关联要素提出的要求，所以有基准要求；位置公差项目有 6 个，由于它是对关联要素提出的要求，所以大多数情况下有基准要求；跳动公差项目有 2 个，有基准要求。

表 3-3-1　几何公差项目和符号

公差类型	特征项目	符　号	有无基准要求
形状公差	直线度	—	无
	平面度	▱	无
	圆度	○	无
	圆柱度	⌯	无
	线轮廓度	⌒	无
	面轮廓度	⌓	无
方向公差	平行度	//	有
	垂直度	⊥	有
	倾斜度	∠	有
	曲线度	⌒	有
	曲面度	⌓	有

公差类型	特征项目	符　号	有无基准要求
位置公差	位置度	⊕	有或无
	同心度（对中心点）	◎	有
	同轴度（对轴线）	◎	有
	对称度	═	有
	线轮廓度	⌒	有
	面轮廓度	⌒	有
跳动公差	圆跳动	↗	有
	全跳动	↗↗	有

2. 几何公差带

几何公差对被测要素的限制可以用几何公差带来直观、形象地表示。几何公差带的形状和大小，就是限制被测要素变动的区域。被测要素如果全部位于给定的公差带内，就表示被测要素符合设计要求，是合格的，反之为不合格。几何公差带有形状、大小、方向和位置 4 个要素。

1）几何公差带的形状

几何公差带的形状取决于被测要素的特征和设计要求，一般将常用的几何公差带形状归纳成 11 种，如图 3-3-10 所示，其可分为以下 4 种类型：

（1）两等距线之间的区域类：两平行直线间，如图 3-3-10（a）所示；两任意等距曲线间，如图 3-3-10（b）所示；两同心圆间，如图 3-3-10（f）所示。

（2）两等距面之间的区域类：两平行平面间，如图 3-3-10（c）所示；两任意等距曲面间，如图 3-3-10（d）所示；两同轴圆柱面间，如图 3-3-10（i）所示。

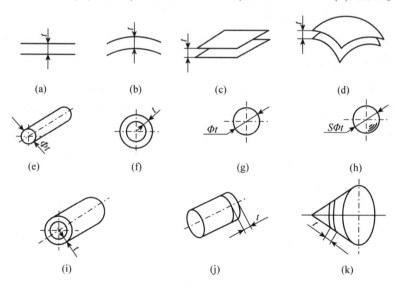

(a)	(b)	(c)	(d)

(e)	(f)	(g)	(h)

(i)	(j)	(k)

图 3-3-10　常用几何公差带形状

（3）一个回转体内的区域类：一个圆柱内，如图 3-3-10（e）所示；一个圆周内，如图 3-3-10（g）所示；一个球内，如图 3-3-10（h）所示。

（4）一段回转体表面的区域类：一小段圆柱表面，如图 3-3-10（j）所示；一小段圆锥表面，如图 3-3-10（k）所示。

几何公差带必须包容实际被测要素，而且若无特殊要求，实际被测要素在几何公差带内可以具有任何形状。一般来说，几何公差带适用于整个被测要素。

2）几何公差带的大小

几何公差带的大小一般是指几何公差带的宽度或直径，取决于图样上给定的几何公差值。当几何公差带为圆形或圆柱形时，应在公差值前加注符号 ϕ；当几何公差带为球形时，应在公差值前加注符号 $S\phi$。

3）几何公差带的方向

几何公差带的方向是指与几何公差带延伸方向相垂直的方向，宽度方向通常为被测要素的法线方向，如图 3-3-11（a）所示，平面度公差带方向为垂直于被测平面的方向；而图 3-3-11（b）所示的垂直度的公差带方向为与基准平面平行的方向。

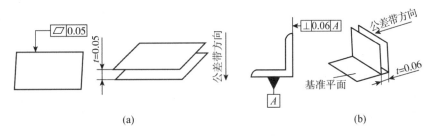

图 3-3-11　几何公差带方向

4）几何公差带的位置

几何公差带的位置可以分为以下两种：

（1）位置浮动公差带：对于形状公差（不包括与基准有确定关系的轮廓度公差），其方向是随实际被测要素浮动的。

（2）位置固定公差带：对于方向公差、位置公差和跳动公差，其几何公差带的位置相对于基准要素是完全确定的（个别无基准除外），其方向应与基准平面保持给定的几何关系，是固定的。

3. 最小包容区域、理论正确尺寸与基准

1）最小条件和最小包容区域

（1）最小条件是指实际被测要素对其理想要素的最大变动量应为最小。在图 3-3-12 中，粗实线相对于理想直线的最大变动量中 f_1 最小，即 A_1B_1 是满足最小条件的理想要素。

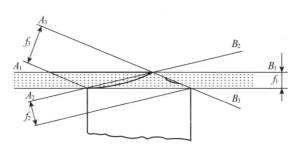

图3-3-12　平面内实际线对理想直线变动量的最小条件

（2）最小包容区域是指包容实际被测要素并且有最小宽度或直径的区域，即实际被测要素满足最小条件的包容区域。

对于有方向公差要求的被测要素的最小包容区域，其构成要素与基准平面应保持给定的方向要求，如图3-3-13所示。

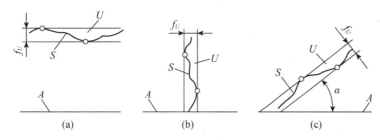

图3-3-13　方向公差的被测要素的最小包容区域

在图3-3-13（a）中，实际被测要素 S 的最小包容区域 U 相对基准 A 平行，其平行度误差为 f_U；在图3-3-13（b）中，实际被测要素 S 的最小包容区域 U 相对基准 A 垂直，其垂直度误差为 f_U；在图3-3-13（c）中，实际被测要素 S 的最小包容区域 U 相对基准 A 夹角，其倾斜度误差为 f_U。

对于有位置公差要求的被测要素的最小包容区域，其构成要素与基准除了保持图样上给定的方向要求外，还应保持由理论正确尺寸确定的理想位置要求。

最小包容区域与几何公差带都具有大小、形状、方向和位置4个要素，但二者是有区别的。最小包容区域与几何公差带的形状、方向和位置是一致的，但大小不同。几何公差带的大小是设计时根据零件的功能和互换性要求确定的，属于"公差"问题；而最小包容区域的大小是由实际被测要素的实际状态决定的，属于"误差"问题。几何精度符合要求是指几何误差不超过几何公差，或最小包容区域的大小不超过几何公差带的大小。

2）理论正确尺寸及几何框图

（1）理论正确尺寸（TED）是用来确定被测要素的理想形状和方位的尺寸，不附带公差。理论正确尺寸是在公称尺寸上围以框格，如图3-3-14（a）所示。

（2）几何框图是用理论正确尺寸确定的一组理想要素之间，或者一组理想要素和基准之间，具有正确几何关系的图形。在几何框图中，由理论正确尺寸定位之处，即为几何公差带的中心，如图3-3-14（b）、（c）所示。

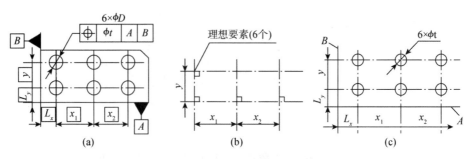

图 3-3-14　理论正确尺寸和几何框图

（a）六孔组的图样标注；（b）六孔组的几何框图；（c）六孔组的位置公差带

3）基准

在设计时，图样上标注的基准通常有以下三种。

（1）单一基准是指由一个平面或一条直线（或轴线）作为基准，如图 3-3-15（a）所示。

（2）公共基准是指由两个平面或两条直线（或两条轴线）组合成一个公共平面或一条公共直线（或公共轴线）作为基准，如图 3-3-15（b）所示。

（3）三基面体系［如图 3-3-15（c）所示］由三个互相垂直的基准平面组成的基准体系，它的三个平面是确定和测量零件上各要素几何关系的起点。在建立三基面体系时，基准有顺序之分。首先，选定的基准称为第一基准平面，它应有三点与第一基准要素接触；其次，为第二基准平面，它应有两点与第二基准要素接触；最后，为第三基准平面，它应有一点与第三基准要素接触。

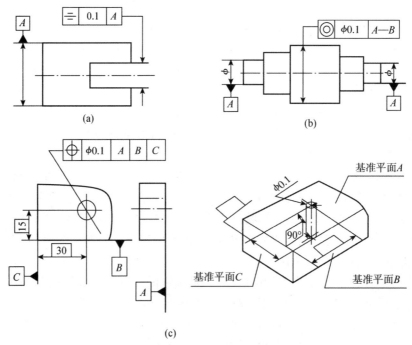

图 3-3-15　基准的各类与表达

（a）单一基准；（b）公共基准；（c）三基面体系

4. 三坐标测量尺寸误差评价

三坐标测量尺寸误差评价包含位置、距离、夹角和形位公差等。

1）尺寸评价——位置

单击"插入"→"尺寸"，在"尺寸"子菜单中出现所有形位公差的特征符号，如图 3-3-16 所示；也可以在快捷窗口中右击，选中"尺寸"命令打开尺寸评价快捷窗口，如图 3-3-17 所示。

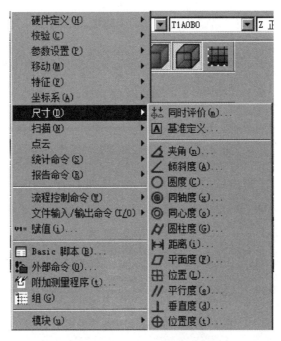

图 3-3-16 "尺寸"子菜单

图 3-3-17 尺寸评价快捷窗口

尺寸评价中位置评价的步骤如下。

（1）在尺寸评价快捷窗口中，选中位置图标，打开"特征位置"对话框，如图 3-3-18 所示。

图 3-3-18 选中位置图标

（2）在"特征位置"对话框中选择被评价特征，如图 3-3-19 所示。

（3）选择评价类型。

（4）单击"创建"按钮。

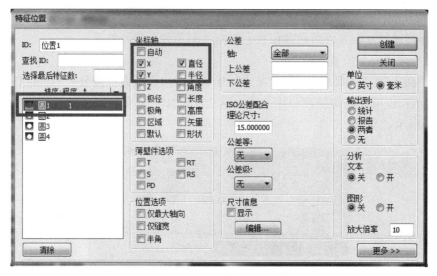

图 3-3-19　"特征位置"对话框

（5）创建完毕后程序窗口中将生成程序，按图纸标注在程序窗口中修改公差"+/ - 0.2"，如图 3-2-30 所示。

```
DIM 位置1= 圆 的位置圆1  单位=毫米 ,$
图示=关  文本=关  倍率=10.00  输出=两者  半角=否
AX     NOMINAL      +TOL      -TOL      MEAS       DEV      OUTTOL
X      154.500      0.050    -0.050    154.430    -0.070     0.020 <--------
Y       80.500      0.050    -0.050     80.620     0.120     0.070 -------->
直径     15.000      0.050    -0.050     15.020     0.020     0.000 ------#--
终止尺寸 位置1
```

图 3-3-20　程序窗口中生成的程序

（6）刷新报告窗口，生成评价报告，如图 3-3-21 所示。

pc·dmis	零件名:	11		三月 29, 2015	21:46
	修订号:		序列号:	统计计数:	1

中	毫米	位置1-圆1					
AX	NOMINAL	+TOL	-TOL	MEAS	DEV	OUTTOL	
X	154.500	0.200	-0.200	154.430	-0.070	0.000	
Y	80.500	0.200	-0.200	80.620	0.120	0.000	
D	15.000	0.200	-0.200	15.020	0.020	0.000	

图 3-3-21　评价报告

（7）所有评价创建完毕后，即可打印评价报告，选择"文件"→"打印"→"报告窗口打印设置"，在"输出配置"对话框中设置好评价报告的输出路径，如图 3-3-22 所示。

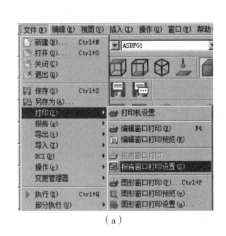

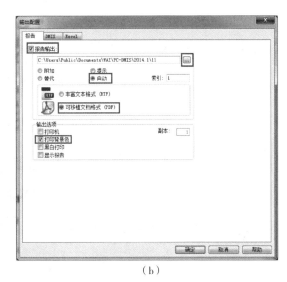

（a）　　　　　　　　　　　　　　　　　　　　（b）

图 3-3-22　打印评价报告

（a）"打印"子菜单；（b）"输出配置"对话框

2）尺寸评价——距离

以尺寸长度为 61 的工件为例，其尺寸长度测量如图 3-3-23 所示。

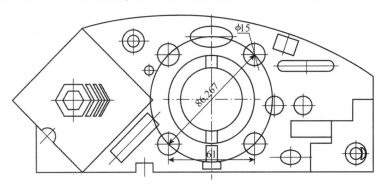

图 3-3-23　尺寸长度测量

在快捷窗口中右击，选中"尺寸"命令打开尺寸评价快捷窗口，选中距离图标，打开"距离"对话框，如图 3-3-24 所示。

图 3-3-24　选中距离图标

（1）距离评价的具体步骤如下。

①工作平面改为"Z 正"，打开"距离"对话框。

②在"距离"对话框中选择"圆 1""圆 2"。

③"距离类型"选择"2 维"，"关系"选择"按 X 轴"，"方向"选择"平行于"，同时输入上下公差以及标称值，"距离"对话框如图 3-3-25 所示；

④单击"创建"按钮。

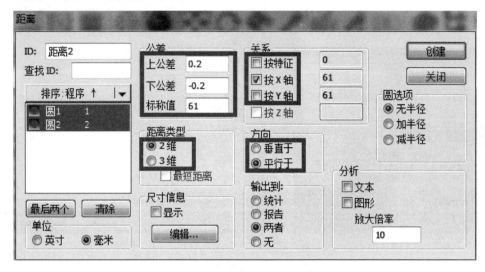

图 3-3-25　"距离"对话框

⑤创建完毕后，程序窗口将生成程序，如图 3-3-26 所示。

DIM 距离1= 2D 距离圆 圆1 至 圆 圆2 　　　（中心到中心），无半径　单位=毫米,$
图示=关　文本=关　倍率=10.00　输出=两者

AX	NOMINAL	+TOL	-TOL	MEAS	DEV	OUTTOL
M	86.267	0.200	-0.200	86.244	-0.023	0.000 ---#-----|

图 3-3-26　程序窗口中生成的程序

（2）距离评价时需要注意以下几点事项。

①"2 维"和"3 维"距离类型的尺寸将按照相关特征来处理：

通常将圆、球体、点都当作点来处理，将槽、柱体、锥体、直线当作直线来处理，平面仍然当作平面来处理，有时也当作点来处理，如求两个平面的距离，实际上求的是第一个平面的特征点到第二个平面的垂直距离。

②其他两元素的最短距离的判定如下。

a. 如果两个元素都是点（如以上定义），PC-DMIS 将提供点之间的最短距离。

b. 如果一个元素是直线（如以上定义）而另一个元素是点，PC-DMIS 将提供直线（或中心线）和点之间的最短距离。

c. 如果两个元素都是直线，PC-DMIS 将提供第一条直线的质心到第二条直线的最短距离。

d. 如果一个元素是平面而另　个元素是直线，PC DMIS 将提供直线特征点和平面之间的最短距离。

e. 如果一个元素是平面而另一个元素是点，PC-DMIS 将提供点和平面之间的最短距离。

f. 如果两个元素都是平面，PC-DMIS 将提供第一个平面的特征点到第二个平面的最短距离。

③ "距离" 对话框 "关系" 选项组中的复选框用于指定在两个特征之间测量的距离是垂直于或平行于特定轴，还是第二个或者第三个所选特征。

例如，如果在 "距离" 对话框左侧的列表中选择两个特征，则 PC-DMIS 计算的是特征 1 和特征 2 之间的平行或垂直的关系，基准为特征 2；如果在 "距离" 对话框左侧的列表中选择了三个特征，则 PC-DMIS 计算的是特征 1 和特征 2 之间的平行于或垂直于特征 3 的关系，基准为特征 2。

④当测量两个特征之间的距离时，可以使用 "方向" 选项组来确定测量距离的方式。

测量第一个元素特征平行或垂直于第二个元素特征的距离。

测量第一个元素特征和第二个元素特征之间平行或垂直于特定轴的距离。

测量距离条件：根据图纸上的要求来选择两个测量元素是垂直于或平行于。

⑤在 "圆" 选项组中，可以使用 "加半径" 和 "减半径" 选项来指示 PC-DMIS 在测得的总距离中加或减测定特征的半径。所加或减的数量始终是在计算距离的相同矢量上。一次只能使用一个选项。如果使用 "无半径" 选项，则不会将特征的半径应用到所测量的距离中。

3）尺寸评价——夹角

尺寸评价夹角以图 3-3-27 为例。

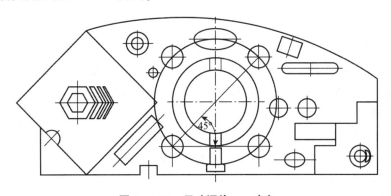

图 3-3-27 尺寸评价——夹角

（1）具体的夹角评价步骤如下。

①工作平面改为 "Z 正"，先构造二维直线：直线 1 和直线 2。

②打开 "角度" 对话框，在 "角度" 对话框中选择 "直线 1" 和 "直线 2"。

③ "角度类型" 选择 "2 维"，"关系" 选择 "按 X 轴"，输入上、下公差以及标称值，如图 3-3-28 所示。

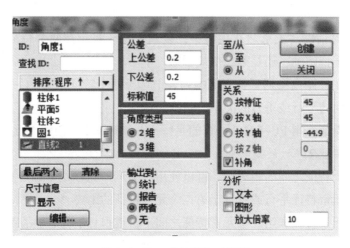

图3-3-28 "角度"对话框

④最后，单击"创建"按钮。

⑤创建完毕后，程序窗口中将生成程序，如图3-3-29所示。

DIM 角度1=2D 角度 从 直线 直线1 至 直线 直线2 ，$
图示=关 文本=关 倍率=10.00 输出=两者
AX   NOMINAL   +TOL -TOL NEAS   DEV   CUTTOL
角度 45.000   0.200 -0.200 44.972 -0.028 0.000

图3-3-29 程序窗口中生成的程序

（2）"角度"对话框中内容介绍。

①"公差"选项组中包含"上公差""下公差"和"标称值"。"上公差"是指用户设定评价元素的上公差；"下公差"是指用户设定评价元素的下公差；"标称值"是指输入所要评价元素的理论夹角。

②"角类类型"选择"2维"或"3维"。"2维"是计算了两元素的夹角后投影到当前工作平面上；"3维"是用来计算两个元素在三维空间的夹角，若只选一个元素，那么夹角就是此元素与工作平面间的夹角。

③"关系"是用来确定所评价夹角是元素和元素（按特征）的夹角还是元素和某一坐标轴间的夹角。

（3）注意事项。如果PC-DMIS报告的角度不在正确的象限中（需要的是45°，而不是135°），则只需在"编辑"窗口中键入正确的标称角度，PC-DMIS就会自动转换象限，使其匹配标称角度。

4）尺寸评价——形位公差

图3 3 30中黑框选中的是形位公差图标。

图3-3-30 形位公差图标

（1）评价圆度。图3-3-31为评价圆度示例。

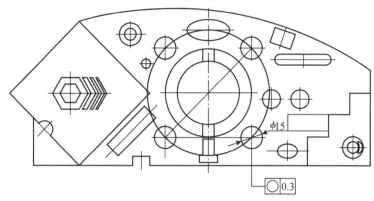

图3-3-31 评价圆度

在快捷窗口中选中图3-3-32中圆度图标，即可出现评价圆度的对话框及报告。

图3-3-32 圆度图标

评价圆度的步骤如下：

①单击圆度图标，打开评价圆度的对话框。

②在评价圆度的对话框中，选择"圆1"输入公差，如图3-3-33所示。

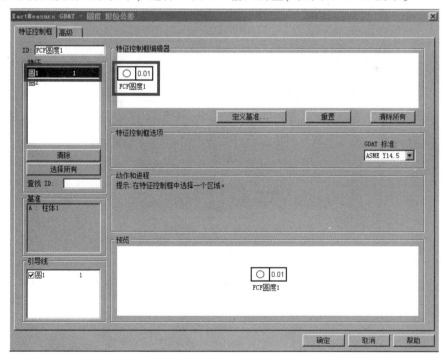

图3-3-33 评价圆度的对话框

③单击"创建"按钮。

④打开报告窗口刷新报告，即可看到圆1的圆度，如图3-3-34所示。

FCF圆度1	毫米				◯	0.3		
特征	NOMINAL	+TOL	-TOL	MEAS	DEV	OUTTOL	BONUS	
圆1	0.000	0.300		0.006	0.006	0.000		

图3-3-34 评价圆度的报告

评价圆度有以下注意事项。

①评价圆度的对话框中的一些选项用来计算圆度、球度和锥度。这个尺寸类型可以看作单侧的，即只应用一个正公差值。

②在测量时，应注意采集足够的点来评价此元素的偏离。如果测量的点数是该元素的最少点数，得到的误差是0，则往往会把此元素计算为理想元素。例如，在评价圆度时，圆的最少点数是3，球的最少点数是4。

（2）评价垂直度。图3-3-35所示为评价 ϕ90.81的圆柱对基准平面 A 的垂直度。垂直度图标如图3-3-36所示。

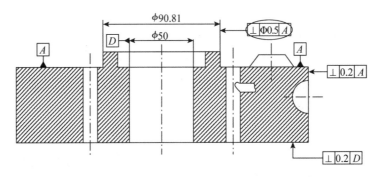

图3-3-35 评价 ϕ90.81圆柱对基准平面 A 的垂直度

图3-3-36 垂直度图标

评价垂直度的步骤如下。

①单击垂直度图标，打开评价垂直度的对话框，如图3-3-37所示。

图 3-3-37 评价垂直度的对话框

②单击"定义基准"按钮，打开"基准定义"对话框，在"基准"的下拉选项中选择"A"，在"特征列表"中选择"平面 2"，单击"创建"按钮，创建平面 2 为基准 A，如图 3-3-38 所示。

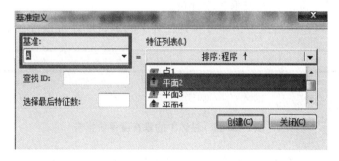

图 3-3-38 创建平面 2 为基准 A

③在"特征"一栏中选择被评价元素"柱体 1"，按照图纸标注输入公差和基准，如图 3-3-39 所示。

图 3-3-39　标注输入公差、基准

④单击"创建"按钮，完成垂直度评价。

⑤打开报告窗口，刷新报告，即可看到柱体 1 的垂直度评价报告，如图 3-3-40 所示。

FCF垂直度 1	毫米			⊥ Ø0.6 A				
特征	NOMINAL	+TOL	-TOL	MEAS	DEV	OUTTOL	BONUS	
柱体1	0.000	0.600	0.000	0.019	0.019	0.000	0.000	

图 3-3-40　柱体 1 的垂直度评价报告

（3）评价位置度。图 3-3-41 所示为评价基准为 A、B、C 的位置度。图 3-3-42 为位置度图标。

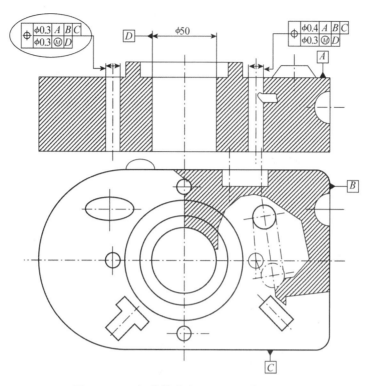

图 3-3-41 评价基准为 *A*、*B*、*C* 的位置度

图 3-3-42 位置度图标

评价位置度的步骤如下。

①单击位置度图标，打开评价位置度的对话框，如图 3-3-43 所示。

图 3-3-43 评价位置的对话框

②单击"定义基准"按钮，打开"基准定义"对话框，定义基准 A、B、C，若基准已经定义，则这一步可忽略。

③在"特征"一栏中选择被评价元素（柱体 2）并按照图纸标注输入公差、基准，如图 3-3-44 所示。

图 3-3-44　选择被评价元素（柱体 2）

④单击进入"高级"选项卡。

⑤定义被评价元素（柱体 2）的理论位置，本例选择"当前坐标系"，如图 3-3-45 所示。

图 3-3-45　定义被评价元素（柱体 2）的理论位置

⑥单击"创建"按钮，完成位置度评价。

⑦打开报告窗口，刷新报告，即可看到柱体 2 的位置度评价报告如图 3-3-46 所示。

FCF位置1尺寸		毫米		Ø16 0.2/-0.2				
特征	NOMINAL	+TOL	-TOL	MEAS	DEV	OUTTOL	BONUS	
柱体2	15.000	0.200	-0.200	15.388	0.388	0.188	0.000	

FCF位置1位置		毫米		⊕ Ø0.3 A B C				
特征	NOMINAL	+TOL	-TOL	MEAS	DEV	OUTTOL	BONUS	
柱体2	0.000	0.300		位置度结果 3.007	3.007	2.707	0.000	

FCF位置1概要　拟和基准=开，垂直于中心线的偏差=开，使用轴=最差					
特征	AX	NOMINAL	MEAS	DEV	
柱体2(终点)	X	154.500	153.834	-0.666	
	Y	19.500	20.848	1.348	

图 3-3-46　柱体 2 的位置度评价报告

5. 测量报告输出

1）显示测量结果

单击"视图"菜单，打开报告窗口，软件会自动刷新，显示出已经评价过的尺寸报告。当程序有新的改动后，需要及时查看评价结果，可以单击报告窗口里的"刷新"按钮，及时刷新数据。

2）更改报告的模板

通过选择报告工具栏上的模板，可以将报告显示成"仅文本""图形和文本"或"仅图形"等格式。

3）编辑报告显示内容

在报告窗口底部右击，选择"编辑"选项，打开"报告"对话框，根据需要选择显示内容，如图 3-3-47 所示。

（a）

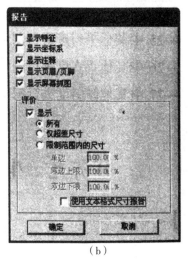

（b）

图 3-3-47　编辑-报告显示内容

（a）选择"编辑"选项；（b）"报告"对话框

4）报告打印设置

在主菜单栏中选择"文件"→"打印"→"报告打印设置"命令，如图 3-3-48 所示。根据需要设置好相关内容，在打印报告时报告就会存储到指定的位置，也可以直接打印出来，打印评价报告如图 3-3-49 所示。

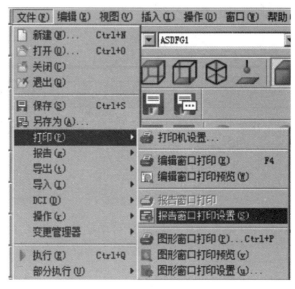

图 3-3-48　"报告打印设置"选项

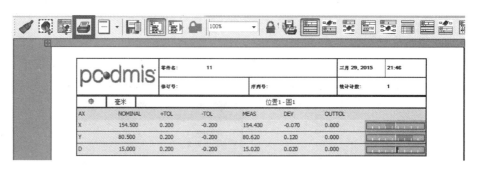

图 3-3-49　打印评价报告

任务实施

1. 说出几何公差项目和符号。一般几何公差项目分为几种类型，分别是什么？其中形状公差项目有几个？方向公差项目有几个？位置公差项目有几个？跳动公差项目有几个？

2. PC-DMIS 包括哪几项尺寸误差评价？

3. 评价报告输出形式有几种？

知识拓展

请根据工件的测量来评价工件的形位误差。

任务五 叶轮的实际测量

任务导入

通过本项目任务一到任务四的学习，本任务要求为确定叶轮的测量方案，最终完成叶轮自动测量程序的编写并输出评价报告。

知识链接

1. 三坐标测量机测头的定义、角度的添加、校验

1）测头的加载

单击"插入"→"硬件定义"→"测头"，进入"测头工具框"对话框，或者单击"编辑"（<F9>键）→"加载测头"→"命令"。

（1）定义测头文件、定义测头配置。单击"未定义测头："的提示语句，在"测头说明"的下拉列表框中选择使用的测座型号，如图 3-3-50 所示。同时，在对话框右侧会出现该型号的测座图形。

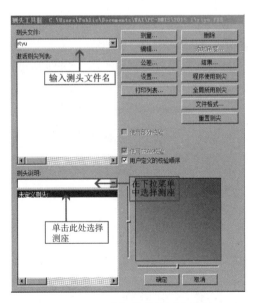

图 3-3-50 选择使用的测座型号

定义测头、测座和测针的步骤如下。

①选择"装配探头"。

②选择"测头座"→"型号"。

③选择"测头"→"型号"。

④选择"加长杆"→"型号"。

⑤选择"测针"→"型号"。

最后单击"添加/激活"按钮，添加/激活测头即可，定义的测头、测座和测针如图3-3-51所示。

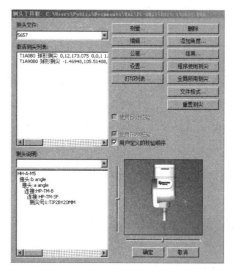

图3-3-51 定义的测头、测座和测针

（2）测头角度的添加。测头角度的添加步骤如下。

A角控制垂直的旋转，角度范围为-115°～90°。

B角控制水平的旋转，角度范围为-180°～180°。

单击③处的"添加"按钮，如图3-3-52所示，根据测量需要选择合适的A角、B角，即完成角度的添加。

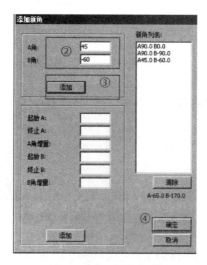

图3-3-52 添加角度

（3）参数的设定。如图 3-3-53 单击"测量"按钮，在弹出的"校验测头"对话框中进行参数设置，如图 3-3-54 所示。

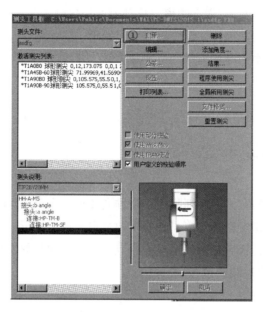

图 3-3-53 单击"测量"按钮

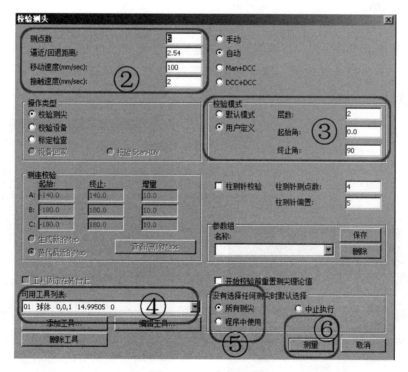

图 3-3-54 参数设置

（4）标准球校验测头。校验测头时，第一个校验的角度是所有测头角度的参考基准，即角度 A0B0。校验测头，实际上就是校验各个角度与第一个校验的角度之间的关系，所以要先校验参考测针。

①单击"确定"按钮弹出对话框提示。

②设置：测量点数，回退/逼近距离，移动速度和接触速度。

③校验模式：选择定义用户，设置层数、起始角、终止角。

④在可用工具列表中选择标准球的位置和直径。

⑤默认选择：选择所有测尖。

⑥测量。

（5）查看校验结果

2．迭代法建立坐标系

1）6点迭代

前三个矢量点用于确定平面，即找正一个轴向要求三个点矢量方向近似一致；后两个矢量点用于确定直线，即旋转确定第二轴要求两个点矢量方向近似一致，并且此两点的连线与前三个点方向垂直；最后一个矢量点为原点，要求方向与前5个点矢量方向垂直。

2）选择矢量点、自动圆的过程

（1）选择矢量点。按住<Ctrl+Shift>组合键，同时单击叶轮下表面矢量点1、点2、点3、点4。选择直线矢量点5、点6、点7。单击之后若出现黑色圆点，则表示选择正确，如图3-3-55所示。

注意"避让移动"为"两者"，距离为40。

（2）自动测量圆的过程。将测量模式设置为手动模式。打开"自动特征［圆1］"对话框，在CAD数模上选取圆，圆上表面"采样例点"必须选择"3"，"间隙"选择"2"，如图3-3-56所示。

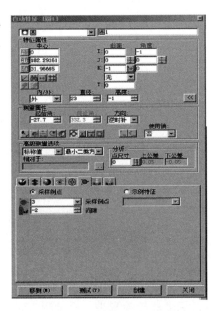

图3-3-55　CAD数模上拾取矢量点　　　图3-3-56　"自动特征［圆1］"对话框

根据图片所示修改中心坐标 x、y 的数值,鼠标单击自动圆上表面 z 的测量结果自动填入。根据叶轮图纸参数,输入"测点"为"8",圆柱深度为"−1"。测点的深度为"−0.2"。调整触点在各叶片中间。当自动测量圆时,为防止测头撞到圆弧,应在程序开始前把"逼近距离"改为"2","回退距离"改为"3"。注意"避让移动"为"两者",距离为"40"。

3. 三个点两个圆迭代建立坐标系

(1)单击"插入"→"坐标系"→"新建",进入"迭代法拟合坐标系"对话框,如图3-3-57所示。

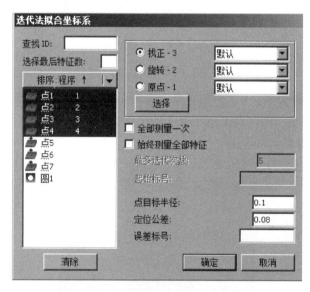

图3-3-57 "迭代法拟合坐标系"对话框

矢量点1、点2、点3、点4—z 轴—选择;矢量点5、点6、点7—x 轴—选择。圆1—原点—选择。

勾选"始终测量全部特征"选项;选择"最多迭代次数"选择5或其他数值;选择"点目标半径"为0.1或其他(数值越小精度越高);选择确定(否)坐标系建立完成。

(2)执行程序,按打点顺序手动测量所有矢量点,即每打完一个矢量点都要按一下控制手柄中的输入键,最后一个矢量点输入完成后,三坐标测量机会自动进行迭代。

4. 手动打点叶片并测量叶片

单击"插入"→"特征",选择矢量点。在 CAD 数模的叶片上选择测点,单击"创建"按钮。测点选择要均匀,数量越多,评价的尺寸越精确,但耗时越长。因此,要合理选择。最后一个测点选择完成之后,移动 z 轴,提升到距离叶轮上表面 5~10 mm 处,记录一个安全点,如图3-3-58所示。执行完叶片上所有测点后,确定无误方可进行下一步。

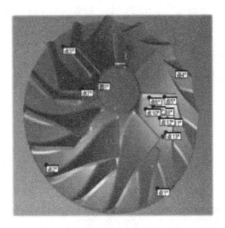

图 3-3-58　单叶片取点

5. 叶片阵列

叶片阵列生成步骤如下。

（1）复制所有测量，即在编辑窗口中选择叶片上所有测点，并进行复制。

（2）修改阵列列表，单击编辑列表中的阵列。在阵列设置中将"偏置角度"改为"45°"，将"镜像"修改为"无翻转"，将"偏置次数"修改为"7"。

（3）阵列粘贴。将光标放到编辑窗口底部，单击编辑列表中的阵列粘贴。

（4）叶轮中所有的叶片测点自动生成，即生成叶片阵列，如图 3-3-59 所示。

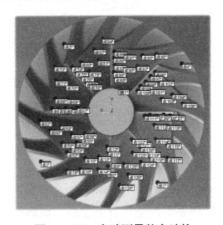

图 3-3-59　自动测量整个叶轮

6. 叶片检测完成导出检测结果

（1）打开"特征位置"对话框，在其左侧的列表框中选择叶片中所有的测点，"薄壁件选项"选项组中勾选"T"复选按钮，输入公差，单击"创建"按钮。

（2）单击"视图"命令，打开报告显示窗口，叶轮的全部评价报告如图 3-3-60 所示。

pc·dmis	零件名:	201876		七月 06, 2018	10:55
	修订号:		序列号:	统计计数:	1

⊕	毫米	位置1 - 点8				
AX	NOMINAL	+TOL	-TOL	MEAS	DEV	OUTTOL
T	0.00000	0.05000	-0.05000	-0.06643	-0.06643	0.01643

⊕	毫米	位置2 - 点10				
AX	NOMINAL	+TOL	-TOL	MEAS	DEV	OUTTOL
T	0.00000	0.05000	-0.05000	-0.05861	-0.05861	0.00861

⊕	毫米	位置3 - 点13				
AX	NOMINAL	+TOL	-TOL	MEAS	DEV	OUTTOL
T	0.00000	0.05000	-0.05000	-0.04531	-0.04531	0.00000

⊕	毫米	位置4 - 点14				
AX	NOMINAL	+TOL	-TOL	MEAS	DEV	OUTTOL
T	0.00000	0.05000	-0.05000	-0.06509	-0.06509	0.01509

⊕	毫米	位置5 - 点16				
AX	NOMINAL	+TOL	-TOL	MEAS	DEV	OUTTOL
T	0.00000	0.05000	-0.05000	-0.07767	-0.07767	0.02767

⊕	毫米	位置6 - 点19				
AX	NOMINAL	+TOL	-TOL	MEAS	DEV	OUTTOL
T	0.00000	0.05000	-0.05000	-0.08575	-0.08575	0.03575

⊕	毫米	位置7 - 点15				
AX	NOMINAL	+TOL	-TOL	MEAS	DEV	OUTTOL
T	0.00000	0.05000	-0.05000	-0.07979	-0.07979	0.02979

⊕	毫米	位置8 - 点18				
AX	NOMINAL	+TOL	-TOL	MEAS	DEV	OUTTOL
T	0.00000	0.05000	-0.05000	-0.06832	-0.06832	0.01832

⊕	毫米	位置9 - 点17				
AX	NOMINAL	+TOL	-TOL	MEAS	DEV	OUTTOL
T	0.00000	0.05000	-0.05000	-0.04735	-0.04735	0.00000

⊕	毫米	位置10 - 点20				
AX	NOMINAL	+TOL	-TOL	MEAS	DEV	OUTTOL
T	0.00000	0.05000	-0.05000	-0.08081	-0.08081	0.03081

⊕	毫米	位置11 - 点28				
AX	NOMINAL	+TOL	-TOL	MEAS	DEV	OUTTOL
T	0.00000	0.05000	-0.05000	-0.04711	-0.04711	0.00000

⊕	毫米	位置12 - 点32				
AX	NOMINAL	+TOL	-TOL	MEAS	DEV	OUTTOL
T	0.00000	0.05000	-0.05000	-0.05635	-0.05635	0.00635

图 3-3-60 叶轮的全部评价报告

任务实施

迭代法建立坐标系的原理。

知识拓展

在叶轮的测量中，我们选择 A0B0 的方向测量叶轮。试用其他角度测量叶轮，说明有哪些不同。

 项目四

智能测量综合训练

■■\ 项目目标 ----

巩固前期所学内容，理论联系实际，并应用于实践；

熟悉三坐标测量机测量前的准备步骤；

掌握依据测量件图纸规划测量、校验测头及建立零件坐标系的方法；

熟练掌握坐标测量的尺寸误差评价及评价报告的输出。

■■\ 任务列表 ----

学习任务	知识点
任务一 三坐标测量机测量前的规范操作	三坐标测量机测量前的规范操作
任务二 三坐标测量机测头的校验	校验测头的操作方法
任务三 零件坐标系的建立	手动和自动建立零件坐标系的方法
任务四 测量件的测量	测量件上几何要素自动测量的方法
任务五 坐标测量的尺寸误差评价及报告输出	几何公差项目、符号及基准的要求，三坐标测量尺寸误差的评价

任务一　三坐标测量机测量前的规范操作

任务导入

在本任务中，需使用三坐标测量机对轴承端盖进行相关测量及形位公差检测，因此要求熟悉三坐标测量机测量前的规范操作，做好测量前的准备，为后期测量的进行奠定基础。

知识链接

三坐标测量机测量前的规范操作主要包含三坐标测量机工作环境、三坐标测量机导轨清洁、三坐标测量机的开关机、工件图纸分析及清洁、装夹和新建零件程序等。

1. 三坐标测量机工作环境

三坐标测量机对其工作环境的要求非常严格。其工作环境包含温度、湿度、振动、供电电源以及气源等条件。测量前要求仔细检查环境温度、湿度、振动等情况，满足三坐标测量机正常工作所需要的测量环境。

2. 三坐标测量机导轨清洁

三坐标测量机导轨的清洁情况会影响三坐标测量机工件检测的精度，甚至会影响机器的使用寿命。因此，测量前需用无纺布或者无尘纸蘸无水乙醇，顺着一个方向擦拭机器轴向的导轨，然后擦拭工作台面。

3. 三坐标测量机的开关机

三坐标测量机开机的步骤如下。

（1）打开总气源开关，检查三坐标测量机的过滤器气压，根据不同机型选择 0.4 MPa 或 0.45 MPa。

（2）打开自动化控制柜开关和计算机开关。

（3）操作盒闪烁（自动化控制柜自检），当自检完成后，进行加电。

（4）打开 PC-DMIS 软件，进行回零操作。

三坐标测量机关机的步骤如下。

（1）将测头移动到机器零点位置附近。

（2）保存程序，关闭软件。

（3）关闭自动化控制柜开关，关闭计算机。

（4）关闭总气源。

4. 工件图纸分析

工件图纸如图 3-4-1 所示。

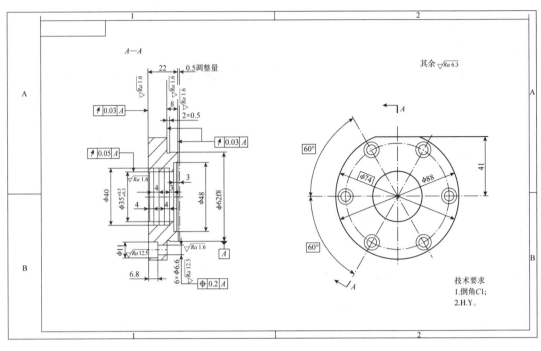

图 3-4-1　工件图纸

测量几何要素示意图如图 3-4-2 所示。

图 3-4-2　测量几何要素示意图

5. 新建零件程序

在 PC-DMIS 软件中，新建测量程序的步骤如下。

(1) 单击"文件"→"新建"命令。

(2) 根据图纸输入程序名称。

(3) 选择单位为"毫米"，确认接口为"机器 1"，单击"确定"按钮。

(4) 屏幕上弹出"测头工具"窗口，选择测头文件，单击"确定"按钮，关闭窗口。

■■／ **知识拓展**

1. 总结三坐标测量机的开机过程，每次开机均会有什么操作，需要注意什么？
2. 自动化控制柜自检时会出现什么现象？给三坐标测量机加电前需要等待什么？

任务二　三坐标测量机测头的校验

■■／ **任务导入**

使用三坐标测量机进行测量前需要对测量所需的测头进行校验，校验前需认真分析图纸，根据形位公差检测内容，确定检测的测针类型，并在 PC-DMIS 软件中设置测头以及各测量角度。

■■／ **知识链接**

在 PC-DMIS 软件中定义测头的步骤如下。

（1）新建一个测量文件，定义校验工具。

（2）自动校验定义的测针，添加角度、校验测头。

根据测量特征示意图 3-4-3 可知，需要校验的测头的角度为 A0B0。

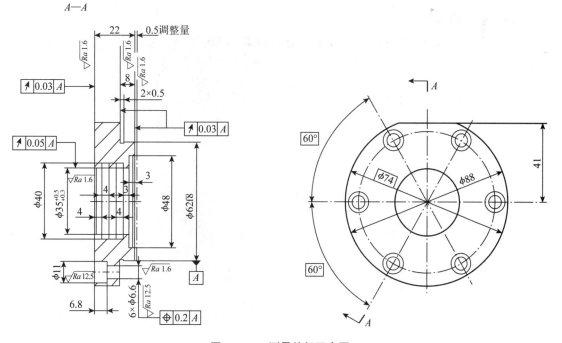

图 3-4-3　测量特征示意图

1. 新建一个测头文件

新建一个测头文件的步骤如下。

（1）单击"文件"→"新建"命令，弹出"测头工具框"对话框，在测头文件处输入名称。设置前的"测头工具框"对话框如图3-4-4所示。

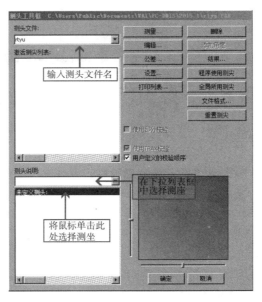

图3-4-4　设置前的"测头工具框"对话框

（2）配置测头文件，根据三坐标测量机上连接的测座、传感器、测针进行设置。测头配置结束后，"激活测针列表"里会自动出现一个测头角度T1A0B0，完成设置后的"测头工具框"对话框如图3-4-5所示。

图3-4-5　设置后的"测头工具框"对话框

2. 添加要校验的角度

结合零件装夹以及对零件图纸的分析，本任务中仅需要添加一个 A0B0 角度作为校验角度。

3. 定义标准球

为保证测量精度，新配置的测头以及新添加的测量角度都需要进行校准认定。校验是通过标准球来完成的，定义标准球后的状态如图 3-4-6 所示。

图 3-4-6 "测头工具框"对话框

4. 校验测头

完成上述设置后，按下"测量"按钮，弹出提示对话框，警告操作者测座将旋转到 A0B0 角度，这时操作者应检查测头旋转后是否与工件或其他物体相干涉，确认安全后，同时要确认标准球是否被移动，如果单击"是"按钮，则 PC-DMIS 软件会弹出另一对话框，单击"确定"按钮后，操作者要使用操纵杆控制三坐标测量机用测针在标准球与测针正对的最高点处触测一点，三坐标测量机会自动按照设置进行全部测针的校验，过程状态如图 3-4-7 所示。

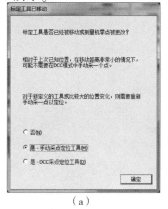

（a）

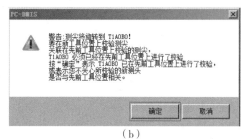

（b）

图 3-4-7 校验标准球

（a）标定工具已移除；（b）警告对话框

5. 查看校验结果

测头校验后，单击"测头工具框"对话框中的"结果…"按钮，在"校验结果"对话框中，我们需要查看"D"和"StdDev"两项的值是否超差，从而确定本次校验是否可用。其中，"D"是测针校验后的实测直径，通常略小于理论值，"StdDev"是形状误差，越小越好。根据经验，定义"D"与理论值偏差不大于 0.01 mm，"StdDev"不大于 0.05 mm。查验结果如图 3-4-8 所示。

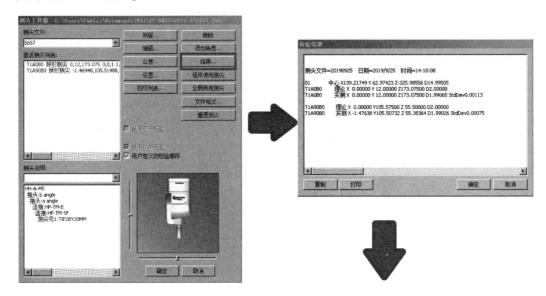

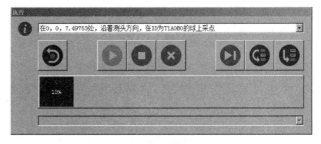

图 3-4-8　查验结果

任务实施

在定义标准球的过程中，是否需要手动采点？

知识拓展

校验测头的本质是什么？

任务三 零件坐标系的建立

■■/\ **任务导入** ----

在三坐标测量过程中，被测零件坐标系的建立是对零件实施坐标检测和评价的基础，坐标系的建立包含建立手动坐标系和建立自动坐标系两种，通过本任务，完成两种零件检测坐标系的建立。

■■/\ **知识链接** ----

根据对检测对象以及实际零件的装夹情况进行分析，我们可以确定零件的坐标系需要确定 Z 轴及坐标原点，而 X、Y 轴不需要具体确定。在本任务中，坐标系建立的方法为面-圆-圆法，坐标系建立位置示意图如图 3-4-9 所示。

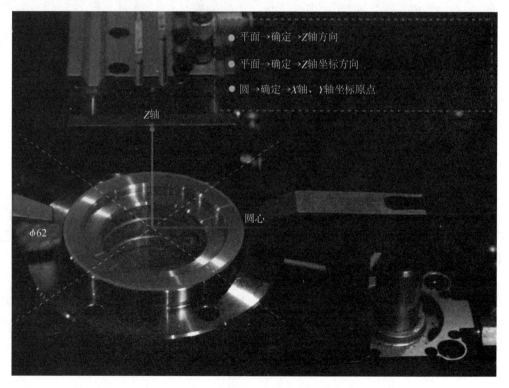

图 3-4-9 坐标系建立位置示意图

应用 $\phi 62$ 上表面确定 Z 轴正方向和 Z 轴原点所在的位置，应用 $\phi 62$ 的圆确定 X、Y 轴的坐标原点位置。

1. 建立手动坐标系（粗建坐标系）

根据对检测对象以及实际零件的装夹情况分析，零件坐标系需要确定 Z 轴以及坐标原点，而 X、Y 轴不需要具体确定。以面-圆-圆法建立坐标系的操作步骤如下。

（1）在 φ62 圆柱的上表面手动触碰至少 3 个点，拾取平面如图 3-4-10 所示。

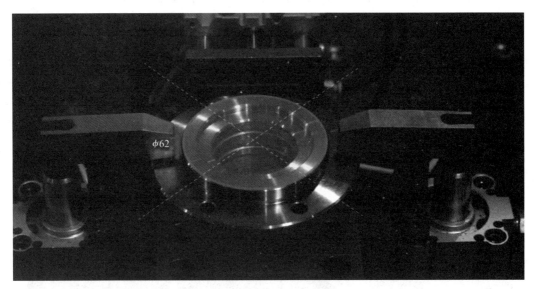

图 3-4-10　拾取平面示意图

拾取点完成后，按下操作盒上的"确定"按钮，在程序窗口处生成特征平面 1。

（2）设置平面 1 为工作平面，手动拾取圆柱特征，在 φ62 圆柱表面上触碰至少 4 个点，拾取圆特征。

（3）打开"坐标系功能"对话框，单击"插入"→"坐标系"→"新建"。

（4）选择"平面 1"→"Z 正"→"找正"。

（5）选择"平面 1"，选中坐标"Z"，选择"原点"。

（6）选择"圆 1"，选中坐标"X"和"Y"，选择"原点"。

（7）单击"确定"按钮，创建坐标系 A1。创建坐标系的原理是应用平面 1 确定了 Z 轴的正方向和 Z 轴原点所在的平面，应用圆 1 的圆心确定 X、Y 轴的坐标原点位置，完成手动坐标系的创建。

（8）检查手动坐标系建立是否正确。按下<Ctrl+W>组合键，显示当前坐标位置，手动接近建立的坐标原点位置，确定坐标原点是否正确，通过手动沿着 Z 正方向向上移动，观察坐标 Z 值是否增加，从而确定 Z 正方向是否正确。检查坐标原点如图 3-4-11 所示，检查 Z 正方向如图 3-4-12 所示。

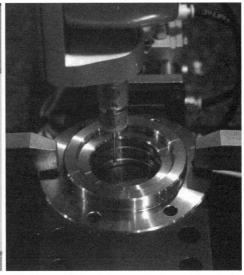

（a） （b）

图 3-4-11 检查坐标原点

（a）检查坐标原点界面；（b）检查坐标原点实况

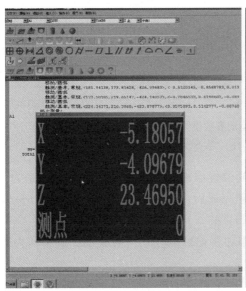

（a） （b）

图 3-4-12 检查 Z 正方向

（a）检查 Z 正方向界面；（b）检查 Z 正方向实况

2. 建立自动坐标系（精建坐标系）

在建立零件坐标系过程中，手动坐标系的建立并不是很精确，因是人为触点，必然存在个体差异，当完成手动坐标系建立后，需要进行自动坐标系的建立，即精建坐标系，操作步骤如下。

（1）在程序的最后，放置光标位置，按下<Alt+Z>组合键，切换到自动模式。

（2）按下<F5>键，设置绝对运动速度，如图3-4-13（a）所示，按下<F10>键，设置逼近距离和回退距离，设置运动参数如图3-4-13（b）所示。

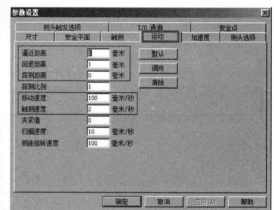

图3-4-13　运动参数设置

（a）"设置选项"对话框；（b）"参数设置"对话框

（3）拾取 φ62 上表面，即平面 2，在适当位置添加移动点，移动点的添加是为了避开障碍，能够安全实现自动测量。平面 2 创建完成后，选中生成的程序，按<Ctrl+E>或<Ctrl+U>组合键运行程序，以达到精确特征的目的。

（4）设置平面 2 为工作平面，采用同样添加移动点的方式，拾取 φ62 圆，即为圆 2，之后再运行程序。

（5）打开"坐标系功能"对话框，单击"插入"→"坐标系"→"新建"。

（6）选择"平面 2"→"Z 正"→"找正"。

（7）选择"平面 2"，选中坐标"Z"，选择"原点"。

（8）选择"圆 2"，选中坐标"X"和"Y"，选择"原点"。

（9）单击"确定"按钮，创建坐标系 A2，即为精建坐标系。

（10）检查精建坐标系建立是否正确。

通过以上的操作，零件坐标系已完成创建，为测量奠定基础。

任务实施

1. 建立零件坐标系的意义是什么？
2. 何为粗建坐标系？何为精建坐标系？

知识拓展

在实际测量零件时，宜采用粗建坐标系还是精建坐标系？

任务四　测量件的测量

知识导入

通过对零件图纸以及零件装夹情况的分析，对图 3-4-14 所示的测量件的测量选用自动测量几何特征，其中有障碍的几何特征通过手动添加移动点完成自动测量。

知识链接

1. 明确需要测量的几何特征

测量项目几何特征示意图如图 3-4-14 所示。

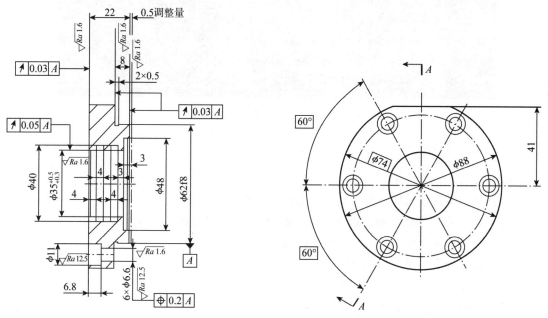

图 3-4-14　测量项目几何特征示意图

由图 3-4-14 可总结出需测量的几何特征如表 3-4-1 所示。

表 3-4-1　需测量的几何特征

序号	项目/mm	几何特征
1	$\phi62f8$	圆、圆柱
2	$\phi35^{+0.5}_{+0.3}$	圆
3	$\phi48$	圆
4	$\phi88$	圆
5	跳动公差 0.03	平面、圆
6	距离 3	两个平面
7	距离 8	两个平面

2. 选择合适的测针、测头角度

根据要测量的几何特征，测针可配置 2BY20，测头角度为 A0B0。需要检测的几何特征如图 3-4-15 所示。

图 3-4-15　需要检测的几何特征

1. 自动平面特征

检测第三处平面的自动平面特征步骤如下。

（1）从自动测量几何特征工具条中选择"自动平面"图标。

（2）在"自动特征"对话框中输入平面中心位置"X：0，Y：0，Z：0"。

（3）输入曲面矢量"I：0，J：0，K：1"。

（4）输入角度矢量"（1，0，0）"。

（5）测量属性中，设置阵列形状为"圆形"。

（6）"避让距离"选择"两者"，"距离"设置为"30"。

（7）"每圈采点"设为"8"，"环形"为"1"。

（8）"间隙"为"27"。

（9）检查各参数是否正确，单击"创建"按钮，此时程序中会生成一个平面3，程序如下所示：

平面3=特征/触测/平面/默认，直角坐标，无

理论值/<0，0，0>，<0，0，1>

实际值/<-0.00068，-0.00052，-0.00022>，<0.0000954，0.0000516，1>

目标值/<0，0，0>，<0，0，1>

角矢量=<1，0，0>，环形

显示特征参数=否

显示相关参数=是

测点数=8，行数=1

间隙=27

自动移动=两者，距离=30

显示触测=否

⑩选中生成的平面3程序，按<Ctrl+E>组合键运行程序，运行过程中减缓速度，注意是否有碰撞现象。

2. 自动圆柱特征

检测 $\phi62$ mm 圆柱处的自动圆柱特征步骤如下。

（1）从自动测量几何特征工具条中选择"自动圆柱"图标。

（2）在"自动特征"对话框中输入平面中心位置"X：0，Y：0，Z：0"。

（3）输入曲面矢量"I：0，J：0，K：1"。

（4）输入角度矢量"（1，0，0）"。

（5）"内/外"为"外"。

（6）"直径"为"62"。

（7）"长度"为"-6"。

（8）"起始角"为"45°"，"终止角"为"405°"。

（9）"方向"为"逆时针"。

（10）"避让距离"选择"两者"，"距离"设置为"30"。

（11）"每层测点"为"4"，"深度"为"1"，"结束深度"为"1"，"层"为"2"，"螺距"为"0"。

（12）检查各参数是否正确，单击"创建"按钮，此时程序中会生成一个柱体1，程序如下所示：

柱体1=特征/触测/圆柱/默认，直角坐标，外，最小二乘方

理论值/<0，0，0>，<0，0，1>，62，-6

实际值/< 0.0009，- 0.00265，0 >，< - 0.0001105，- 0.0003447，0.9999999>，61.94353，-6

目标值/<0，0，0>，<0，0，1>

起始角=45，终止角=405

角矢量=<1，0，0>

方向=逆时针

显示特征参数=否

显示相关参数=否

选中生成的柱体 1 程序，按<Ctrl+E>组合键运行程序。

3. 自动圆特征

检测 ϕ48 mm 圆处的自动圆特征步骤如下。

(1) 从自动测量几何特征工具条中选择中"自动圆"图标。

(2) 在"自动特征"对话框中输入平面中心位置"X：0，Y：0，Z：0"。

(3) 输入曲面矢量"I：0，J：0，K：1"。

(4) 输入角度矢量"（1，0，0）"。

(5) "内/外"为"内"。

(6) "直径"为"48"。

(7) "起始角"为"0"，"终止角"为"0"。

(8) "方向"为"逆时针"。

(9) "避让距离"选择"两者"，"距离"设置为"30"。

(10) "测点"为"8"，"深度"为"1.5"，"螺距"为"0"。

(11) 检查各参数是否正确，单击"创建"按钮，此时程序中会生成一个圆 3，程序如下所示：

圆 3=特征/触测/圆/默认，直角坐标，内，最小二乘方

理论值/<0，0，0>，<0，0，1>，48

实际值/<0.00316，0.00211，0>，<0，0，1>，47.99297

目标值/<0，0，0>，<0，0，1>

起始角=0，终止角=0

角矢量=<1，0，0>

方向=逆时针

显示特征参数=否

显示相关参数=否

选中生成的圆 3 程序，按<Ctrl+E>组合键运行程序。

4. 自动平面特征

检测第二处平面的自动平面特征步骤如下。

(1) 从自动测量几何特征工具条中选择"自动平面"图标。

(2) 在"自动特征"对话框中输入平面中心位置"X：0，Y：0，Z：-3"。

(3) 输入曲面矢量"I：0，J：0，K：1"。

(4) 输入角度矢量"（1，0，0）"。

(5) 测量属性中，设置阵列形状为"圆形"。

(6) "避让距离"选择"两者"，"距离"设置为"30"。

（7）"每圈采点"设为"8"，"环形"为"1"。

（8）"间隙"为"21"。

（9）检查各参数是否正确，单击"创建"按钮，此时程序中会生成一个平面4，程序如下所示：

平面4＝特征/触测/平面/默认，直角坐标，无

理论值/<0，0，-3>，<0，0，1>

实际值/<-0.00068，0.00013，-3.03266>，<0.0001294，0.0000934，1>

目标值/<0，0，-3>，<0，0，1>

角矢量＝<1，0，0>，环形

显示特征参数＝否

显示相关参数＝否

（10）选中生成的平面4程序，按<Ctrl+E>组合键运行程序。

5. 自动圆特征

检测 φ35 mm 圆的自动圆特征步骤如下。

（1）从自动测量几何特征工具条中选择"自动圆"图标。

（2）在"自动特征"对话框中输入平面中心位置"X：0，Y：0，Z：-3"。

（3）输入曲面矢量"I：0，J：0，K：1"。

（4）输入角度矢量"（1，0，0）"。

（5）"内/外"为"内"。

（6）"直径"为"35"。

（7）"起始角"为"0"，"终止角"为"0"。

（8）"方向"为"逆时针"。

（9）"避让距离"选择"两者"，"距离"设置为"30"。

（10）"测点"为"8"，"深度"为"1.5"，"螺距"为"0"。

（11）检查各参数是否正确，单击"创建"按钮，此时程序中会生成一个圆4，程序如下所示：

圆4＝特征/触测/圆/默认，直角坐标，内，最小二乘方

理论值/<0，0，-3>，<0，0，1>，35

实际值/<0.00141，0.00178，-3>，<0，0，1>，35.40349

目标值/<0，0，-3>，<0，0，1>

起始角＝0，终止角＝0

角矢量＝<1，0，0>

方向＝逆时针

显示相关参数＝否

（12）选中生成的圆3程序，按<Ctrl+E>组合键运行程序。

6. 自动平面特征

检测第一处平面的自动平面特征步骤如下。

　　第一处平面在装夹中存在障碍，故此平面的自动测量方式为手动和移动点的方式进行，首先在安全位置给予一个移动点，手动触碰第一点，至少采集4点，每个点之间都要设定移动点，保证测针无障碍运行，测量程序参考如下：

平面5＝特征/平面，直角坐标，三角形

理论值/<0.03023，0.19349，-7.99319>，<0.0000638，0.0002222，1>

实际值/<0.03129，0.19388，-7.99293>，<-0.0001831，0.0000404，1>

测定/平面，5

触测/基本，常规，< 16.30419，- 28.44674，- 7.9888 >，< 0.0000638，0.0002222，1>，<16.30591，-28.44744，-7.98896>，使用理论值＝是

移动/点，常规，<16.30650，-28.44031，28.80827>

移动/点，常规，<-19.93927，-28.43985，28.89599>

触测/基本，常规，< - 17.2846，- 27.83468，- 7.98492 >，< 0.0000638，0.0002222，1>，<-17.28255，-27.83298，-7.99481>，使用理论值＝是

移动/点，常规，<-17.27722，-26.58221，41.55504>

移动/点，常规，<-18.16346，39.07720，41.54284>

触测/基本，常规，< - 15.58564，28.87016，- 7.99953 >，< 0.0000638，0.0002222，1>，<-15.58415，28.87028，-7.99713>，使用理论值＝是

移动/点，常规，<-17.96653，32.93201，39.89838>

移动/点，常规，<20.61538，39.52388，39.89482>

触测/基本，常规，< 16.68695，28.18522，- 7.99949 >，< 0.0000638，0.0002222，1>，<16.68596，28.18565，-7.99084>，使用理论值＝是

移动/点，常规，<22.23283，32.07607，48.01577>

终止测量/

　　触测采点完成后将测针移动到安全位置，需要继续添加移动点，移动点添加的多少由个人决定，其添加原则为本着有效、合理的方式添加，不可过多添加安全点，否则会延长执行程序时间。移动点程序如下所示：

移动/点，常规，<15.25300，39.25230，230.00000>

移动/点，常规，<63.52722，291.60367，230.60403>

移动/点，常规，<-225.43915，291.47968，227.25574>

移动/点，常规，<-11.81824，-5.14975，59.00662>

移动/点，常规，<-11.81177，-35.50874，59.01622>

移动/点，常规，<-53.19522，-35.50874，59.03004>

移动/点，常规，<-53.19630，-25.48919，58.90525>

移动/点，常规，<-53.21058，-25.50276，14.13263>

移动/点，常规，<-53.21703，-25.50913，-6.04214>

移动/点，常规，<-48.54749，-19.98437，-10.94774>

移动/点，常规，<-44.19674，-19.98436，-10.94919>

选中生成的平面 5 程序以及测量完成后的移动点程序，按 <Ctrl+E> 组合键运行程序，在执行过程中，放慢速度，保证安全。

6. 自动圆特征

检测 $\phi 88$ mm 圆的自动圆特征步骤如下。

与平面 5 相同，$\phi 88$ mm 的圆直接运用自动特征仍然存在障碍，会发生碰撞事故，为避免碰撞事故的发生，同样采用手动和移动点的方式生成自动测量程序，圆的触测点至少为 4 个象限点，每个点之间根据需求添加移动点，测量程序参考如下：

圆 5 = 特征/圆，直角坐标，外，最小二乘方

理论值/<0.03079，-0.00396，-11.39863>，<0，0，1>，87.96432，0

实际值/<0.02815，-0.00771，-11.39308>，<0，0，1>，87.96025，0

测定/圆，4，Z 正

触测/基本，常规，< - 39.37488，- 19.54269，- 10.95051 >，< - 0.8959146，-0.4442263，0>，<-39.37486，-19.54283，-10.94862>，使用理论值=是

移动/点，常规，<-45.50273，-20.15739，-10.94871>

移动/点，常规，<-45.48929，-20.14460，29.38283>

移动/点，常规，<-45.48933，24.14660，29.36710>

移动/点，常规，<-45.50186，24.13482，-8.30657>

移动/点，常规，<-45.50240，24.13435，-9.95194>

移动/点，常规，<-41.83465，22.88037，-9.95206>

移动/圆弧

触测/基本，常规，< - 37.83069，22.37451，- 9.9531 >，< - 0.860869，0.5088267，0>，<-37.83057，22.37536，-9.95389>，使用理论值=是

移动/点，常规，<-42.57876，22.88039，-9.95181>

移动/点，常规，<-42.57626，22.88912，17.67590>

移动/点，常规，<-42.56573，22.89132，24.56366>

移动/点，常规，<46.00412，24.83627，24.73012>

移动/点，常规，<45.99718，24.82533，-8.95885>

移动/点，常规，<45.98806，23.71667，-10.73708>

移动/点，常规，<42.78431，20.66445，-10.73545>

移动/圆弧

触测/基本，常规，< 39.5376，19.32986，- 12.27439 >，< 0.8982104，0.4395658，0>，<39.53029，19.32611，-12.2609>，使用理论值=是

移动/点，常规，<48.09544，25.92294，-12.27902>

移动/点，常规，<48.11364，25.93885，37.80553>

移动/点，常规，<56.06964，-25.13688，37.82084>

移动/点，常规，<56.06137，-25.15088，-6.30585>

移动/点，常规，<48.15709，-20.96393，-6.30461>

移动/点，常规，<48.15779，-20.96671，-11.23678>

移动/点，常规，<43.54599，-19.75753，-12.41754>

移动/圆弧

触测/基本，常规，< 39.54934，- 19.30587，- 12.41651 >，< 0.8985482，-0.4388748，0>，<39.54882，-19.30546，-12.40891>，使用理论值=是

移动/点，常规，<46.57965，-19.74624，-12.41857>

移动/点，常规，<46.59564，-19.72875，42.31242>

移动/点，常规，<46.60290，-19.71814，74.73383>

终止测量/

选中生成的圆5程序以及测量完成后的移动点程序，按<Ctrl+E>组合键运行程序，在执行过程中，放慢速度，保证安全。

将所有的程序生成以后，运行所有的测量程序，包含三个平面、三个圆、一个圆柱，将光标放在坐标系A1后，在自动模式前，按<Ctrl+U>组合键，即为从光标位置开始运行程序，三坐标测量程序将从建立零件坐标系开始一直运行到圆5结束。第一次自动测量需要缓慢进行，以保证安全。

■◢◢◢\ **任务实施** ----

1. 自动测量几何特征如何避免发生碰撞？
2. 程序运行中若有障碍物，应如何避开？

■◢◢◢\ **知识拓展** ----

测量零件时用手动添加移动点完成自动测量。

任务五　坐标测量的尺寸误差评价及报告输出

■◢◢◢\ **任务导入** ----

根据对图纸的分析，通过PC-DMIS软件，评价测量零件的几何特征尺寸并输出评价报告。

■◢◢◢\ **知识链接** ----

针对图纸中需要检测的几何公差项目如表3-4-2所示。

表 3-4-2　需要检测的几何公差项目

序号	项目/mm	几何特征
1	$\phi 62f8$	柱体 1
2	$\phi 35^{+0.5}_{+0.3}$	圆 4
3	$\phi 48$	圆 3
4	$\phi 88$	圆 5
5	跳动公差 0.03	平面 3、柱体 1
6	距离 3	平面 3、平面 4
7	距离 8	平面 3、平面 5

1. 几何公差项目——$\phi 62f8mm$

几何公差项目——$\phi 62f8mm$ 的尺寸误差评价及报告输出步骤如下。

（1）在程序窗口中，将光标放置在程序结束处。

（2）单击"插入"→"尺寸"，此时在"尺寸"子菜单中出现所有的几何公差的特征符号，如图 3-4-16 所示；或者在快捷窗口中右击，选中"尺寸"命令，打开尺寸评价快捷窗口，如图 3-4-17 所示。

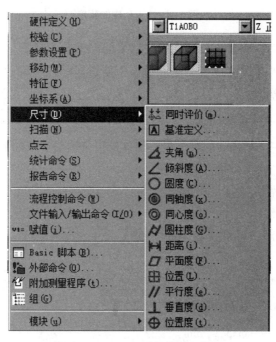

图 3-4-16　几何公差的特征符号

图 3-4-17　尺寸评价快捷窗口

在尺寸评价快捷窗口中单击位置图标，打开"特征位置"对话框，如图 3-4-18 所示。

图 3-4-18　选中位置图标

（3）在"特征位置"对话框中选择"柱体 1"。

（4）在"坐标轴"中勾选"直径"。

（5）在"ISO 公差配合"的"理论尺寸"中输入"62"。

（6）"公差等"中选择"F"。

（7）"公差级"中选择"IT8"。

（8）最后单击"创建"按钮，在程序窗口中会生成新的程序，如图 3-4-19 所示。

DIM　位置1=　柱体　的位置柱体1　单位=毫米，$
图示=关　文本=关　倍率=10.00　输出=两者　半角=否

AX	NOMINAL	+TOL	-TOL	NEAS	DEV	CUTTOL
直径	62.00000	-0.03000	-0.07600	61.98648	-0.01352	0.01648 --
高度	-6.00000	0.05000	-0.05000	-6.00000	0.00000	0.00000 --

终止尺寸　位置1

图 3-4-19　生成的程序

（9）打开报告窗口，将光标放置在程序结束处，单击"视图"→"报告窗口"，刷新报告窗口即可看到输出的评价报告，评价报告中能够显示理论尺寸、实际尺寸、上偏差、下偏差，以及是否超差。

2. 几何公差项目——$\phi 48$ mm

几何公差项目——$\phi 48$ mm 的尺寸误差评价及报告输出步骤如下。

（1）打开"特征位置"对话框。

（2）在"特征位置"对话框中选择"圆 3"。

（3）在"坐标轴"中勾选"直径"。

（4）在"公差"中"轴"选择"D"，输入"上偏差"为"+0.05"，"下偏差"为"-0.05"。

（5）单击"创建"按钮。

（6）刷新报告窗口，查看评价报告。

3. 几何公差项目——$\phi 35^{+0.5}_{+0.3}$ mm

几何公差项目——$\phi 35^{+0.5}_{+0.3}$ mm 的尺寸误差评价及报告输出步骤如下。

（1）将光标放置在程序结束处，打开"特征位置"对话框。

（2）在"特征位置"对话框中选择"圆 4"。

（3）在"坐标轴"中勾选"直径"。

（4）在"公差"中"轴"选择"D"，输入"上偏差"为"+0.5"，"下偏差"为"+0.3"。

（5）单击"创建"按钮。

（6）刷新报告窗口，查看评价报告。

4. 几何公差项目——ϕ88 mm

几何公差项目——ϕ88 mm 的尺寸误差评价及报告输出步骤如下。

（1）将光标放置在程序结束处，打开"特征位置"对话框。

（2）在"特征位置"对话框中选择"圆5"。

（3）在"坐标轴"中勾选"直径"。

（4）在"公差"中"轴"选择"D"，输入"上偏差"为"+0.05"，"下偏差"为"-0.05"。

（5）单击"创建"按钮。

（6）刷新报告窗口，查看评价报告。

5. 几何公差项目——平面3 相对柱体1 的跳动公差

下面进行跳动公差的评价，在评价跳动公差之前，先对平面3 和平面4 的尺寸误差进行评价，以便能够提高观测结果的准确性。其步骤如下。

（1）将光标放置在程序结束处，在快捷窗口中选中平面度图标，打开评价平面度的对话框，如图3-4-20 所示。

图3-4-20　选中平面度图标

（2）在"特征选择框"中选择"平面3"。

（3）在"特征控制编辑器"中输入"0.01"。

（4）单击"创建"按钮。

（5）刷新报告窗口，查看评价报告，确认尺寸是否超差。

（6）选中跳动公差图标，打开评价跳动公差的对话框，如图3-4-21 所示。

图3-4-21　选中跳动公差图标

（7）在"特征选择框"中选择"平面3"。

（8）在"特征控制编辑器"中输入"0.03"。

（9）单击"定义基准"，基准名称为"A"，在"特征列表"中选择"柱体1"。

（10）单击"创建"按钮。

（11）在"特征控制编辑器"中基准位置选择"A"。

（12）单击"创建"按钮。

（13）刷新报告窗口，查看评价报告。

6. 几何公差项目——平面 5 相对柱体 1 的跳动公差

几何公差项目——平面 5 相对柱体 1 的尺寸评价及跳动公差评价步骤如下。

（1）将光标放置在程序结束处，打开评价平面度的对话框。

（2）在"特征选择框"中选择"平面 5"。

（3）在"特征控制编辑器"中输入"0.03"。

（4）单击"创建"按钮。

（5）刷新报告窗口，查看评价报告，确认尺寸是否超差。

（6）打开评价跳动公差的对话框。

（7）在"特征选择框"中选择"平面 5"。

（8）在"特征控制编辑器"中输入"0.03"。

（9）在"特征控制编辑器"中基准位置选择"A"。

（10）单击"创建"按钮。

（11）刷新报告窗口，查看评价报告。

7. 几何公差项目——平面 3、平面 4 距离 3 mm

几何公差项目——平面 3、平面 4 距离 3 mm 的尺寸评价步骤如下。

（1）将光标放置在程序结束处，选中距离图标工作平面改为"Z 正"，打开"距离"对话框，如图 3-4-22 所示。

图 3-4-22　选中距离图标

（2）在"距离"对话框中选择"平面 3"和"平面 4"。

（3）在"公差"中，输入"上偏差"为"0.05"，"下偏差"为"-0.05"。

（4）在"关系"中勾选"按特征"。

（5）单击"创建"按钮。

（6）刷新报告窗口，查看评价报告。

8. 几何公差项目——平面 3、平面 5 距离 8 mm

几何公差项目——平面 3、平面 5 距离 8 mm 的尺寸评价步骤如下。

（1）将光标放置在程序结束处，工作平面改为"Z 正"，打开"距离"对话框。

（2）在"距离"对话框中选择"平面 3"和"平面 5"。

（3）在"公差"中，输入"上偏差"为"0.05"，"下偏差"为"-0.05"。

（4）在"关系"中勾选"按特征"。

（5）单击"创建"按钮。

（6）刷新报告窗口，查看评价报告。

所有评价创建完毕后，即可打印评价报告，单击"文件"→"打印"→"报告窗口打印设置"，在"输出配置"对话框中设置好评价报告的输出路径，如图3-4-23所示。

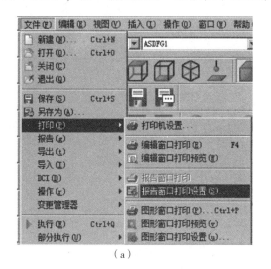
（a）

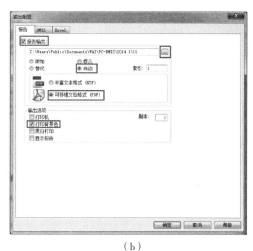
（b）

图3-4-23　评价报告的输出路径

（a）"打印"子菜单；（b）"输出配置"对话框

或者在报告窗口中单击打印机图标即可打印评价报告。

任务实施

跳动公差评价时有哪些注意事项？

知识拓展

1. 如何调出尺寸评价快捷窗口？
2. 如何设置基准？
3. 距离评价中有哪些注意事项？

模块四

三坐标激光扫描测头的应用及逆向设计基础

项目一
激光扫描测头测量

项目目标

了解激光扫描测头的应用；

了解激光扫描测头数据采集的硬件部分和数据处理的软件部分的应用及其特点；

掌握激光扫描测头的基本操作过程。

任务列表

学习任务	知识点
任务一　激光扫描测头的应用及主要特点	三维激光扫描系统包含数据采集的硬件部分和数据处理的软件部分； 激光扫描测头的特点是标定简单、测量过程简单等
任务二　激光扫描测头的操作流程	激光扫描测头测量的基本流程是运动控制和数据采集的方式、标定、测量

任务一　激光扫描测头的应用及主要特点

任务导入

三维激光扫描技术在现代化的今天，应用非常广泛。由于它可快速复建出被测目标的三维模型及线、面、体等各种图形数据，所以把三维激光扫描技术更好地应用到各个领域显得尤为重要。

1. 激光扫描测头的应用

三维激光扫描技术又被称为实景复制技术，是测绘领域继 GPS（全球定位系统）技术之后的又一次技术革命。它突破了传统的单点测量法，具有高效率、高精度的独特优势。三维激光扫描技术能够提供扫描物体表面的三维点云数据，所以可以用于获取高精度、高分辨率的数字地形模型。

三维激光扫描技术是利用激光测距的原理，通过记录被测物体表面大量的、密集的点的三维坐标、反射率和纹理等信息，可快速复建出被测目标的三维模型及线、面、体等各种图形数据。由于三维激光扫描系统可以密集地大量获取目标对象的数据点，所以其也被称为从单点测量进化到面测量的革命性技术突破。该技术在文物古迹保护、建筑、规划、土木工程、工厂改造、室内设计、建筑监测、交通事故处理、法律证据收集、灾害评估、船舶设计、数字城市和军事分析等领域也有了很多探索和应用。三维激光扫描系统包含数据采集的硬件部分和数据处理的软件部分。按照载体的不同，三维激光扫描系统又可分为机载、车载、地面和手持型四类。

三维激光扫描技术应用于逆向工程，负责曲面抄数，工件的三维测量，其针对现有的样品或模型，在没有技术文档的情况下，可快速测得物体的轮廓集合数据，并加以建构、编辑、修改生成通用输出格式的曲面数字化模型。而激光扫描测头是为适应复杂形体的测量而开发的新一代产品。它能根据测量的需要在三维空间内任意变换方向，从任意角度测量同一个物体，不同角度下的测量数据能自动拼合到一起，从根本上克服了传统方法存在测量死角、测量数据拼合复杂和拼合精度低等缺点。

将激光扫描测头安装在三坐标测量机上，根据规划的区域可以自动测量任意形状的物体。测头在每个方向下都要进行标定，我们采用标准球作为标定器具，标定过程简单、快捷。在测量过程中只要保持工件位置和标准球的位置固定不变，激光扫描测头在不同方向下的测量数据就可以自动拼合。另外，使用同个标准球作为标定基准，可将激光扫描测头的测量数据和机械测头的测量数据统一到一个坐标系中。

2. 激光扫描测头的主要特点

激光扫描测头具有标定简单、测量过程简单、测量效率高和测量精度高的特点。

1）标定简单

利用一个标准球就可完成激光扫描测头沿任意方向的标定，标定过程中沿不同测量方向的数据都以标准球的球心为基准，因而能自动拼合到一起。

2）测量过程简单

通过三坐标测量机的操纵杆控制激光扫描测头运动，在被测物体上采集两个或三个点确定一个测量区域并生成扫描路径，三坐标测量机根据测量间隔沿规划好的测量路径做匀速扫描实现数据自动采集。

3）测量效率高

用在三坐标上的激光扫描测头测量宽度和深度远远大于普通激光扫描测头。

4）测量精度高

在保证测量效率的同时仍保持很高的测量精度，对物体上结构复杂的细节能保持较好的清晰度。

任务实施

激光扫描测头的主要特点是什么？

知识拓展

根据你所掌握的知识，说明三维激光扫描技术的应用领域有哪些，并说明其特点。

任务二　激光扫描测头的操作流程

任务导入

激光扫描测头的数据是三坐标逆向设计模型数据的依据，所以本任务主要介绍激光扫描测头的操作流程。

知识链接

1. 运动控制和数据采集方式

HEADER 激光扫描测量系统软件（以下简称 HEADER 软件）只具有数据采集功能，不能控制机器运动，机器运动由测量机软件来控制。HEADER 软件和测量机软件同时工作来完成激光扫描测头对物体的扫描测量。HEADER 软件根据测量需要生成相应的 DMIS（尺寸测量接口规范）代码，由测量机软件执行该 DMIS 代码使机器运动，在机器运动的同时 HEADER 软件采集激光扫描测头的数据。具体步骤如下。

（1）先打开测量机软件并"回家"，如图 4-1-1 所示。

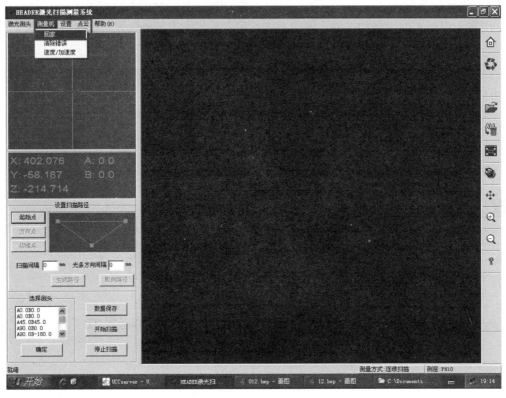

图 4-1-1　机器"回家"

（2）运行 HEADER 软件，此时会弹出"输入机器当前坐标"对话框，将测量机软件中显示的机器坐标输入到该对话框中并保存，这样 HEADER 软件和测量机软件就拥有相同的机器坐标。

（3）HEADER 软件有标定和测量两个工作模式。在 HEADER 软件界面的左上方有"标定"和"测量"两个按钮。当激光扫描测头初次安装或激光扫描测头方向发生变化时都要进行标定，无论在什么状态下进行标定必须先单击"标定"按钮，要进行测量必须先单击"测量"按钮。

2. 标　定

激光扫描测头初始安装或激光扫描测头方向改变时都要进行标定，标定器具是表面经特殊处理的标准球。

1）标定前的准备

首先，通过标准球杆上的 M8 螺栓将标准球固定在三坐标测量机工作台中间位置。然后，根据被测工件的形状调整激光扫描测头的方向，通过手动调节柔性测座的角度，或在 HEADER 软件中改变 A 角和 B 角的回转角度。最后，利用操纵杆控制三坐标测量机运动使激光平面和标准球相交，交线尽量过球心，同时在 HEADER 软件界面左侧大窗口中图像的弧形顶点与十字线的交点处重合，如图 4-1-2 所示。

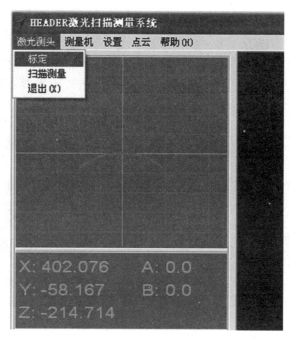

图 4-1-2 标定前的准备

2）标定过程

单击"标定"命令会提示输入 PH10 的角度，若机器不配备 PH10，直接输入"0，0"即可。此时，C 盘的根目录下会生成 calibration. dmi 文件，在测量机软件中打开该文件并运行，机器开始进行第一步标定，标定结束后弹出"ocean"对话框，提示第一步标定结束。接下来再单击"标定 2"命令，此时 C 盘根目录下会生成 calibration2l. dmi 文件，在测量机软件中打开该文件并运行，机器开始进行第二步标定，标定结束后弹出"ocean"对话框，提示第二步标定结束，同时在 HEADER 软件左侧弹出标定结果。第二步标定的时间要比第一步标定的时间长，激光扫描测头每改变一个方向都要进行标定。

3）标定结束

在 HEADER 软件左侧的标定结果中显示点到球面的平均距离"a = *"和点到球面的最大距离"b = *"（参考值 $a = 0.01$ mm，$b = 0.14$ mm），参考值是正常的标定结果，若 a、b 都在参考值附近，则表明标定正常，a、b 越小表明标定结果越好。标定过的测头方向在"已标定的测头方向"的列表框中列出，如已标定的测量方向有 A0B0 和 A90B-90 等。若标定结果 a、b 两个值都远远超过参考值，则表明标定结果不正常，应从"已标定的测头方向"的列表框中删除，单击列表框右边的"删除"按钮即可。若激光扫描测头初次安装，则在此之前所有的标定结果都不能再使用，这时应单击"全部删除"按钮，清除列表框中的测头信息，至此测头标定结束，如图 4-1-3 所示。

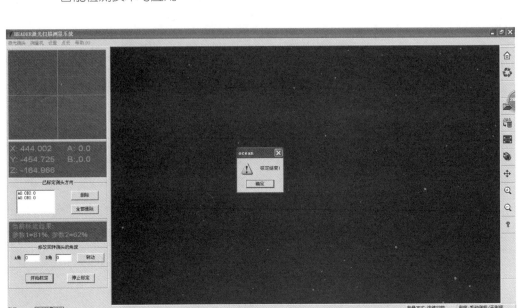

图 4-1-3　测头标定结束

3. 测　量

单击 HEADER 软件左上角的"扫描测量"命令进入测量模式，如图 4-1-4 所示。

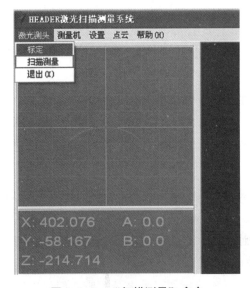

图 4-1-4　"扫描测量"命令

1）选择测头方向

单击"选择测头方向"按钮，从已标定的测头方向中选择一个方向；同时一定要在测量机软件中控制 PHIO 的转动，使其转到与该测头方向对应的角度。

2）规划测量路径

在测量之前首先要利用两个点或三个点确定测量路径。如果测量区域很小，测量宽度小于 60 mm，则利用两个点可确定测量区域，一个点是起始点，另一个点是方向点，设置完成后开始从方向点到起始点进行扫描测量。若测量区域较大，则要利用三个点来确定测量区域，其中的一个点是起始点，第二个点是方向点，第三个点是边缘点，由这几个点所规划的路径是一个折返运动路线。利用操纵杆控制测头移动到被测物体的边缘处，若以该点作为扫描运动的起始点，单击"起始点"按钮，如图 4-1-5（a）所示；然后沿与光平面近似垂直的方向移动测头到工件的另一端，单击"方向点"按钮，如图 4-1-5（b）所示，利用这两个点可确定一条测量路径；若被测物体较大，可使测头移动到物体的另一边，单击"边缘点"按钮，如图 4-1-5（c）所示。单击"生成路径"按钮，生成测量路径的规划，如图 4-1-6 所示。注意：在确定每个点时应尽量使被测物体所成的像出现在光条窗口的中间位置。另外，在测量区域内若被测物体起伏过大，则可能会超出激光扫描测头的景深，在这种情况下要分两次进行测量。

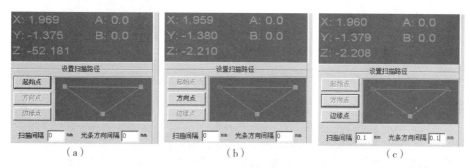

图 4-1-5 规划测量路径

（a）单击"起始点"按钮；（b）单击"方向点"按钮；（c）单击"边缘点"按钮

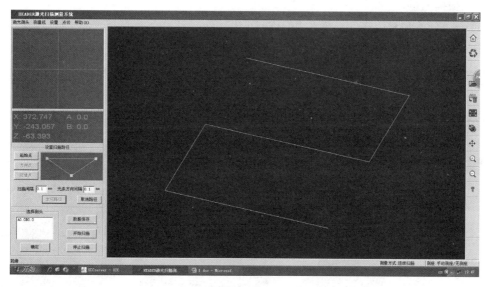

图 4-1-6 生成路径

3）设置测量间隔

测量间隔分为沿扫描方向的间隔和沿光条方向的间隔，其反映了取点的密度。沿扫描方向的间隔决定扫描速度，间隔越大，速度越快；沿光条方向的间隔与扫描速度无关。测量间隔的单位均为 mm。通常可将沿扫描方向的间隔和沿光条方向的间隔设成相同大小，对中小型工件可设 0.2 ~ 0.6 mm，对大型工件可设 1 mm 以上。

4）数据存放路径

单击"数据保存"按钮可选择测量数据的文件名和存放路径，为防止数据被覆盖，相邻两次的测量数据不使用同一路径下的同一个文件名，如图 4-1-7 所示。

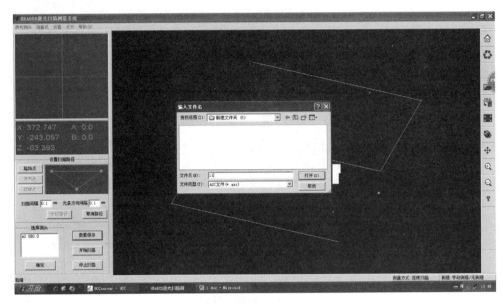

图 4-1-7　数据存放路径

5）扫描测量

单击"开始测量"按钮，然后用 HEADER 软件打开并运行目标文件，即实现自动测量。图 4-1-8 为扫描测量一个方向完成的点云图。

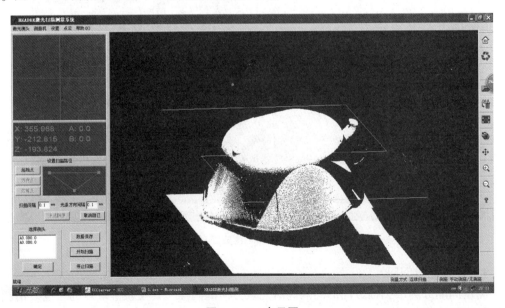

图 4-1-8　点云图

任务实施

激光扫描测头的基本步骤有哪些？

知识拓展

用激光扫描测头从不同的角度对一个零件进行测量，并测量出不同方向的点云数据。

项目二

Geomagic Studio 基本操作

 项目目标

了解 Geomagic Studio 界面的各模块的使用方法；

了解 Geomagic Studio 的基本流程；

了解各阶段数据处理的目标；

掌握点处理及多边开处理阶段的操作方法。

 任务列表

学习任务	知识点
任务一　Geomagic Studio 软件界面的认识	软件界面各部分模块的名称及用途
任务二　Geomagic Studio 逆向建模的基本流程	逆向建模基本流程的四个阶段
任务三　Geomagic Studio 阶段处理的基本操作	两个阶段的数据处理；点云到实体的基本过程

任务一　Geomagic Studio 软件界面的认识

 任务导入

Geomagic Studio 是逆向建模软件，认识 Geomagic Studio 的界面是学习该软件的基础。

 知识链接

Geomagic Studio 软件是由美国 Geomagic 公司提供的逆向建模软件，可处理扫描所得的

点云数据或多边形数据,并以处理后的多边形数据模型为依据,创建出逼近原扫描对象的NURBS 曲面模型或 CAD 曲面模型,然后直接输出模型或将所创建模型输出至多款正向建模或正逆向混合的建模软件。

Geomagic Studio 2014 相对于其之前版本新增了分析模块和曲线模块,并对点云阶段、多边形阶段、精确曲面阶段、参数曲面阶段、采集模块和特征模块等功能模块进行了改进,且各阶段之间能够通过转换为多边形或点云进行相互连接。经上述改进后,Geomagic Studio 2014 不仅拓宽了 Geomagic Studio 软件逆向建模的建模方向,也使各阶段相互关联,提高了逆向建模的效率和精度。

1. 开始窗口

启动 Geomagic Studio 软件的方法有如下两种。

(1)单击"开始"菜单中 Geomagic Studio 2014 程序。

(2)双击桌面上 Geomagic Studio 2014 图标"![icon]"。

进入 Geomagic Studio 2014 后将会看到如图 4-2-1 所示的开始窗口。Geomagic Studio 2014 的开始窗口分为应用程序菜单、快速访问工具栏、菜单栏、工具栏(分为多个工具组)、绘图窗口、管理面板、状态栏、进度条等几个部分。

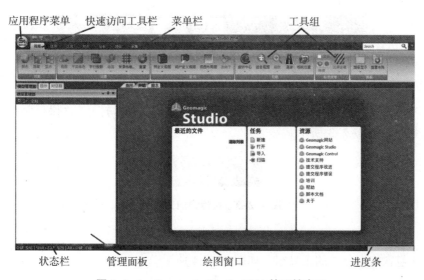

图 4-2-1　Geomagic Studio 2014 的开始窗口

1)应用程序菜单

应用程序菜单包含文件"新建""打开""导入"和"保存"等相关命令,以及定制Geomagic Studio 2014 等选项,如图 4-2-2 所示。

图 4-2-2 应用程序菜单

2）快速访问工具栏

快速访问工具栏包含与文件相关的最常用快捷方式，如"打开""保存""撤销""恢复"等命令，如图 4-2-3 所示。

图 4-2-3 快速访问工具栏

3）工具栏

工具栏包含按组分类的工具组，如图 4-2-4 所示。

图 4-2-4 工具栏

4）绘图窗口

绘图窗口的"开始"标签可引导用户新建文档或导入已有数据，工作区建立后，Geomagic Studio 2014 的开始窗口将跳转到图形显示窗口，如图 4-2-5 所示。

图 4-2-5　图形显示窗口

5）管理面板

单击管理面板右上角的"🎝"按钮，将使所对应的选项卡自动隐藏到开始窗口的左边，所有选项卡的名称将显示在开始窗口左边的边界上，当鼠标停留在这些名称上时，相应的选项卡会临时显示出来，当选项卡显示出来时，再次单击该按钮将使选项卡恢复到默认状态。管理面板有"模型管理器""显示"和"对话框"三个选项卡。

（1）"模型管理器"选项卡可显示设计中的每个对象，如图 4-2-6 所示。在"模型管理器"选项卡中可以对各对象进行显示、隐藏或重命名等，还可以同时选中若干对象，进行创建组操作，或对各对象按建模要求进行分类。

图 4-2-6　"模型管理器"选项卡

（2）"显示"选项卡中可以修改系统参数和对象视觉特性，如"全局坐标系""边界框""几何图形显示"等，如图 4-2-7 所示。

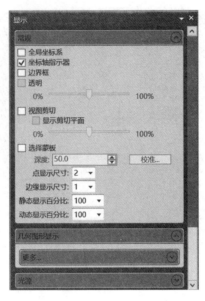

图4-2-7 "显示"选项卡

（3）"对话框"选项卡中显示当前操作步骤的具体操作内容以及偏差限制，图4-2-8为"对话框"选项卡。

图4-2-8 "对话框"选项卡

6）状态栏

状态栏显示与当前操作有关的提示信息，如图4-2-9所示。

中键: 旋转 | Shift+右键: 缩放 | Alt+中键: 平移

图4-2-9 状态栏

7）进度条

进度条显示当前操作已进行的进度。

2. 鼠标操作及热键

在 Geomagic Studio 2014 中需要使用三键鼠标，这样有利于提高工作效率。鼠标键从左到右分别为左键（MB1）、中键（MB2）和右键（MB3）。

1）鼠标键盘控制组合键

通过功能键和鼠标的特定组合可快速地选择对象和进行视窗调节，如表4-2-1所示为鼠标键盘控制组合键。

表4-2-1 鼠标键盘控制组合键

图 示	组合键	功 能
	<MB1>	单击选择用户界面的功能和激活对象的元素； 单击并拖动激活对象的选中区域； 在一个带微调按钮的文本框里单击微调按钮来增大或减小其中的数值
	<Ctrl + MB1>	取消选择的对象或者区域
	<Alt + MB1>	调整光源的入射角度和调整亮度
	<Shift + MB1>	当同时处理几个模型时，设置为激活模型
	<滚轮/MB2>	把光标放在要缩放的位置上并使用滚轮，放大或缩小视窗对象； 把鼠标放在文本框里，滚动滚轮可增大或缩小数值； 单击并拖动对象在坐标系里旋转
	<Ctrl + MB2>	设置多个激活对象
	<Alt + MB2>	平移
	<Shift + Alt + MB2>	移动模型
	<MB3>	右击可获得快捷菜单，包括一些使用频繁的命令
	<Ctrl + MB3>	旋转
	<Alt + MB3>	平移
	<Shift + MB3>	缩放

2）默认快捷键

表4-2-2所示为默认快捷键及其对应的命令。通过快捷键获得某个命令，不需要在菜单栏里或工具栏里选择，可节省操作时间。

表 4-2-2　默认快捷键及其对应的命令

快捷键	命 令
\<Ctrl + N>	"文件"→"新建"
\<Ctrl + O>	"文件"→"打开"
\<Ctrl + S>	"文件"→"保存"
\<Ctrl + Z>	"编辑"→"撤销"
\<Ctrl + Y>	"编辑"→"重选"
\<Ctrl + T>	"编辑"→"选择工具"→"矩形"
\<Ctrl + L>	"编辑"→"选择工具"→"线条"
\<Ctrl + P>	"编辑"→"选择工具"→"画笔"
\<Ctrl + U>	"编辑"→"选择"→"定制区域"
\<Ctrl + V>	"编辑"→"粘贴"
\<Ctrl + A>	"编辑"→"全选"
\<Ctrl + C>	"编辑"→"复制"
\<Ctrl + D>	"视图"→"拟合模型到视图"
\<Ctrl + F>	"视图"→"设置旋转中心当前视图"
\<Ctrl + R>	"视图"→"重新设置"→"当前视图"
\<Ctrl + B>	"视图"→"重新设置"→"边界框"
\<Ctrl + X>	"工具"→"选项"
\<Ctrl + Shift + X>	"工具"→"宏"→"执行"
\<Ctrl + Shift + E>	"工具"→"宏"→"结果"
\<F1>	"帮助"（放置鼠标在需求帮助的命令上，然后按\<F1>键）
\<F2>	"视图"→"对象"→"隐藏不活动的项"
\<F3>	"视图"→"对象"→"隐藏/显示下一个"
\<F4>	"视图"→"对象"→"隐藏/显示上一个"
\<F5>	"视图"→"对象"→"选择所有相同项作为活动项"
\<F6>	"视图"→"对象"→"显示全部"
\<F7>	"视图"→"对象"→"隐藏全部"
\<F12>	"切换开/关的透明度"

3. "视图"工具栏

"视图"工具栏包括"对象""设置""定向""导航"和"面板"五个工具组，如图 4-2-10 所示。

图4-2-10 "视图"工具组

1)"对象"工具组

"对象"工具组包含如下工具及其功能。

(1)"颜色" 工具：设定活动对象的可见颜色，以帮助区分类型相同的多个对象或者空间内互叠加的对象。

(2)"隐藏" 工具：在"图形区域"内隐藏一组对象。该对象包括非活动对象和所有对象。

非活动对象：在"图形区域"内的非主动对象。

所有对象：在"图形区域"内藏的所有对象。

(3)"显示" 工具：在"图形区域"使一组对象变得可见和活动。该对象包括所有对象、下一对象和前一对象。

所有对象：在不激活的条件下，使"图形区城"的所有对象变得可见。

下一对象：关闭当前可见的对象并激活"模型管理器"中下一个对象。

前一对象：关闭当前可见的对象并激活"模型管理器"中前一个对象。

2)"设置"工具组

"设置"工具组包含如下工具及其功能。

(1)"视图" 工具：控制出现在"图形区域"内的是整个模型还是仅限选定项。

仅限选定项：隐藏未选择的部分，并将视图编辑放到选择的部分。

整个模型：取消仅限选定项的影响；显示全部对象并清除选择部分。

(2)"平面着色" 工具：利用颜色单独锐化多边形的线条，以提高用户区分它们的能力。

(3)"平滑着色" 工具：使邻近的多边形变得模糊，以创建更加平滑的曲面外观。

(4)"平行投影" 工具：按原模型的样式显示。

(5)"透视投影"：多边形投影到"图像区域"时，接近的部分图像显示较大，远离的部分图像显示较小。

(6)"重置" 工具：将"图形区域"的各设置选项恢复到出厂设定值，其包含了重置当前视图、重置所有视图和重置边界框三种。

重置当前视图：移除边界框使对象返回最近选择的视图。

重置所有视图：使对象返回最近选择的视图（标准视图或用户定义视图）。

重置边界框：重新计算边界框的尺寸（常用于对象尺寸改变后）。

3）"定向"工具组

"定向"工具组包含如下工具及其功能。

（1）"预定义视图" ![]工具：在 Geomagic Studio 2014 视图中包含多种视图，依次是"俯视图""仰视图""左视图""右视图""前视图""后视图"和"等测视图"，如图 4-2-11 所示。

图 4-2-11　Geomagic Studio 2014 的多种视图

（2）"用户定义视图" ![]工具：允许用户定义和管理视图，用户定义的视图可补充预定义视图。"用户定义视图"工具中的操作包括保存、另存为和删除全部。

保存：将对象的当前定向创建为用户定义视图，并使用系统生成的名称保存。

另存为：出现名称以及将对象的当前定向创建为用户定义视图的提示。

删除全部：移除所有用户定义视图。

（3）"法向于" ![]工具：调整对象的用户定义视图，使选择的点距离用户最近。

4）"导航"工具组

"导航"工具组包含的工具及其功能如下。

（1）"旋转中心" ![]工具：可在"图形区域"内修改对象的旋转中心。修改内容包括设置旋转中心、重置旋转中心和切换动态旋转中心。

设置旋转中心：将对象的旋转中心设为"图形区域"对象上的一个点。

重置旋转中心：将对象的旋转中心设为其边界框的中心。

切换动态旋转中心：切换运行方式，以在每次开始旋转时通过鼠标单击设定对象的旋转中心。

（2）"适合视图" ![]：调节可见对象的缩放范围以填充图形区域。

（3）"缩放" ![]工具：在"图形区域"缩小或放大对象。

（4）"漫游" ![]：当此工具激活时，允许用户使用键盘控制场景向前、向后、向左、向右、向上、向下移动。

（5）"相机位置" ![]：当 Walk Though 模式激活时，允许用户用自己定义的视角来浏览。

5）"面板"工具组

"面板"工具组包含的工具及其功能如下。

（1）"面板显示" 工具：能够在 Geomagic Studio 2014 的开始窗口切换管理面板的显示方式。

模型管理器：在 Geomagic Studio 2014 的开始窗口选择是否打开"模型管理器"选项卡。

显示：在 Geomagic Studio 2014 的开始窗口选择是否打开"显示"选项卡。可通过"显示"面板快速修改和调用系统指标或参数，如图4-2-12所示。

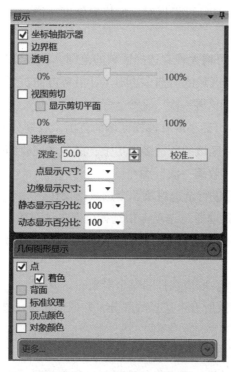

图 4-2-12　"显示"控制面板

对话框：在 Geomagic Studio 2014 的开始窗口选择是否打开"对话框"选项卡（对话框包含了每个工具的具体操作内容）。

（2）"重置布局" 工具：重置软件界面布局，恢复到系统默认状态。

4. "选择"工具栏

"选择"工具栏包括"数据""模式"和"工具"三个工具组，如图4-2-13所示。

图 4-2-13　"选择"工具栏

1）"数据"工具组

"数据"工具组包含的工具及其功能如下。

（1）"按曲率选择" 工具：可按指定曲率选择多边形。

（2）"选择边界" 工具：可在点对象或多边形对象上选择一个或多个自然边界。

（3）"选择组件" 工具：可用来增加现有选择区域的范围。选择组件包括有界组件和流形组件。

有界组件：选择所有边界（至少有一个已选择的多边形）内的所有多边形。

流形组件：扩展选项以包括所有相邻的流形三角形。

（4）"选择依据" 工具：可根据对象的拔模斜度、边长、区域、体积、折角等几何属性进行选择。

（5）"扩展" 工具：可增大现有选择区域的范围。扩展分为扩展一次和扩展多次。

扩展一次：在现有选择区域的所选多边形上，沿各方向扩展一个多边形。

扩展多次：执行五次"扩展一次"命令。

（6）"收缩" 工具：可缩小现有选择区域的范围。收缩分为收缩一次和收缩多次。

收缩一次：在现有选择区域的所选多边形上，沿各方向收缩一个多边形。

收缩多次：执行五次"收缩一次"命令。

（7）"全选"工具：可进行全选对象和全选数据操作。

全选数据：在"模型管理器"选项卡中选择全部主动对象。

全选对象：将"模型管理器"选项卡内所有的同类对象突出显示（激活）为当前对象。

（8）"全部不选"工具：取消选择的整个对象。

（9）"反选"：选择对象所有未选择的部分，并取消所有已选择的部分。

2）"模式"工具组

"模式"工具组包含的工具及其功能如下。

（1）"选择模式" 工具：可进行仅选择可见和选择贯通操作。

选择可见：使用标准选择工具选择其正面朝向视窗的多边形与CAD表面的可见数据。

选择贯通：使用标准选择工具选择其正面朝向视窗的多边形与CAD表面的所有数据，包括可见和隐藏的数据。

（2）"按角度选择" 工具：切换标准选择工具的运行模式。在"折角"模式下，选择工具可扩展选项，包括所有相邻多边形，这些多边形的共有边都以相对较小的角度相交。

（3）"选择后面" 工具：让仅选择可见和选择贯通对点、多边形和CAD对象的背面也起作用。

3）"工具"工具组

"工具"工具组包括的工具及其功能如下。

（1）"选择工具" 工具：在默认情况下，选择工具向导处于活动状态，可通过左键对对象的表面进行选择，也可在"工具"工具组中的"选择工具"下拉菜单中选择不同的工具，如图4-2-14所示。还可以在图形显示窗口右侧工具条中选择所需要的工具，如图4-2-15所示。具体包含以下工具：

"矩形"工具：使用户在"图形区域"内的选择形状呈矩形；

"椭圆"工具：使用户在"图形区域"内的选择形状呈椭圆；

"直线"工具：使用户在"图形区域"内的选择形状呈直线（在点对象上不可用）；

"画笔"工具：按住左键的同时，使鼠标像画笔一样运行，用于绘制图像；

"套索"工具：使鼠标像套索一样运行，这样可选择不规则区域内的所有内容；

图4-2-14 "选择工具"下拉菜单

"多义线"工具通过单击有限个点，定义不规则多边形的区域。

（2）"定制区域" ▼ 工具：选择用户指定的对象区域。

5. 文件的导入与导出

Geomagic Studio 2014 可支持多种格式的点云数据和多边形数据的导入，同时也能够以多种方法进行导出支持。

导入的点云数据格式有：WRP、TXT、GPD 等。其中无序点云数据包括：3 PI-shapeGrabber、Ac-Steinbichler、ASC-generic ASCII、SCN-Laser Desing、SCN-Next 和 Engine 等。

支持导入的多边形数据格式有：3DS、OBJ、STL、PLY、IGES 等。

生成模型后，模型导出的方法有三种：

图4-2-15 图形显示窗口右侧工具条中的工具

（1）将模型保存为 STL 或 IGES 等通用格式文件输出；

（2）将模型通过"参数交换"命令导出到正向建模软件（如 SolidWorks、Pro/E 等）；

（3）将模型通过"发送到"命令导出到正逆向混合建模软件（如 Geomagic Design Direct、SpaceClaim 等）。

◢◢◢\ 任务实施 ----

1. Geomagic Studio 2014 的开始窗口分为哪几部分？

2. 在"选择"工具栏的"工具"工具组中包括哪几种工具？

◢◢◢\ 知识拓展 ----

熟练使用 Geomagic Studio 2014 的鼠标操作，熟悉快捷键操作。

任务二 Geomagic Studio 逆向建模的基本流程

任务导入

Geomagic Studio 逆向建模的基本流程是由数据采集、数据处理、曲面建模和输出四部分来完成的。在本任务中，需熟练掌握该流程。

知识链接

1. Geomagic Studio 逆向建模的基本流程

Geomagic Studio 逆向建模的基本原理是对由若干细小三角形组成的多边形进行网格化处理，生成网格曲面，进而通过拟合出的 NURBS 曲面或 CAD 曲面来逼近还原实体模型。建模流程可划分为数据采集→数据处理→曲面建模→输出四个前后联系的部分来进行，如图 4-2-16 所示。

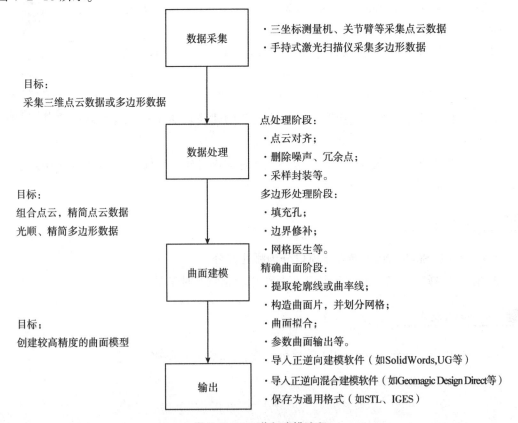

图 4-2-16 逆向建模流程

整个建模操作过程主要包括点处理阶段、多边形处理阶段和曲面处理阶段。点处理阶段主要是对点云进行预处理，包括除噪声和冗余点、点云采样等操作，从而得到一组整齐、精简的点云数据。多边形处理阶段包括填充孔、边界修补、网格医生能操作，其主要作用是对多边形网格数据进行表面光顺与优化处理，以获得光顺、完整的多边形模型。曲面处理阶段可分为两个流程：精确曲面阶段和参数曲面阶段。精确曲面阶段包括提取轮廓线或曲率线，构造曲面片，并划分网格、曲面拟合，参数曲面输出，导入正逆向建模软件，导入正逆向混合建模软件。其主要作用是对曲面进行规则的网格划分，通过对各网格曲面片的拟合和拼接，拟合出光顺的 NURBS 曲面。参数曲面阶段的主要作用是通过分析设计目的，根据原创设计思路定义各曲面特征类型，进而拟合出 CAD 曲面。

2. Geomagic Studio 各阶段处理

1）点处理阶段

点处理阶段的主要作用是对导入的点云数据进行处理，获取一组整齐、精简的点云数据，并封装成多边形数据模型。点处理阶段包含的主要功能有：

（1）导入点云数据、合并点云对象；

（2）点云着色；

（3）选择非连接项、体外孤点、减少噪声、删除点云；

（4）添加点、偏移点；

（5）对点云数据进行曲率、等距、统一或随机采样；

（6）将点云数据三角网格化封装。

2）多边形处理阶段

多边形处理阶段的主要作用是对多边形数据模型进行表面光顺及优化处理，以获得光顺、完整的多边形模型，并消除错误的三角面片，提高后续拟合曲面的质量。多边形处理阶段包含的主要功能有：

（1）清除、删除钉状物，砂纸打，减少噪声以光顺三角网格；

（2）删除封闭或非封闭多边形模型多余三角面片；

（3）填充内、外孔或者拟合孔，并清除不需要的特征；

（4）网格医生自动修复相交区域、非流形边、高度折射边，消除重叠三角形；

（5）细化或者简化三角面片数量；

（6）加厚、抽壳、偏移三角网格；

（7）合并多边形对象，并进行布尔运算；

（8）锐化特征之间的连接部分，通过平面拟合形成角度；

（9）选择平面、曲线、薄片对模型进行裁剪；

（10）手动雕刻曲面或者加载图片，在模型表面形成浮雕；

（11）修改边界，并可对边界进行编辑、松弛、直线化、细分、延伸、投影、创建新边处理；

（12）转换成点云数据或者输出到其他应用程序，做进一步分析。

3）精确曲面阶段

精确曲面阶段的主要作用是通过探测轮廓线、曲率来构造规则的网格划分，准确地提取模型特征，从而拟合出光顺、精确的 NURBS 曲面。精确曲面阶段包含的主要功能有：

(1) 自动曲面化；

(2) 探测轮廓线，并对轮廓线进行绘制、松弛、收缩、合并、细分、延伸等处理；

(3) 探测曲率线，并对曲率线进行手动移动、升级/约束等处理；

(4) 构造曲面片，并对曲面片进行移动、松弛、修理等处理；

(5) 移动曲面片，均匀化铺设曲面片；

(6) 构造格栅，并对格栅进行松弛、编辑、简化等处理；

(7) 拟合 NURBS 曲面，并可修改 NURBS 曲面片层、表面张力；

(8) 对曲面进行松弛、合并、删除、偏差分析等处理；

(9) 转化为多边形或者输出到其他应用程序，做进一步分析。

4）参数曲面阶段

参数曲面阶段的主要作用是通过探测区域，并对各区域定义特征类型，进而拟合出具有原始设计思路的 CAD 曲面，然后将 CAD 曲面模型发送到其他 CAD 软件中进行进一步参数化编辑。参数曲面阶段包含的主要功能有：

(1) 探测区域，定义所选区域的曲面类型；

(2) 编辑草图，将所选区域拟合成参数化曲面；

(3) 拟合连接曲面；

(4) 偏差分析，修复曲面；

(5) 裁剪缝合各曲面，或将各曲面参数交换输出到其他 CAD 软件。

▰▰/\ 任务实施

Geomagic Studio 逆向建模的基本流程包含哪四个部分？

▰▰/\ 知识拓展

实际扫描零件，对点云数据进行点处理和多边形处理。

任务三　Geomagic Studio 阶段处理的基本操作

▰▰/\ 任务导入

Geomagic Studio 的点处理阶段、多边形处理阶段是 Geomagic Studio 阶段处理的基本操作。通过学习此任务，可以掌握阶段处理的基本操作过程。

知识链接

1. Geomagic Studio 的点处理阶段

1）点处理阶段概述

在逆向工程中，对点云数据的预处理是完成被测物体模型扫描后的第一步。在数据的采集中，由于随机（环境因素等）或人为（工作人员经验等）引起数据的误差，使点云数据包含噪声，造成被测物体模型重构曲面不理想，并从光顺性和精度等方面影响建模质量，因此需在三维模型重建前去除多余的点。又由于被测物体形状过于复杂，导致扫描时产生死角而使数据缺损，这时就要对扫描数据进行修补。为了提高扫描精度，扫描得到的点云数据可能会很大，且其中会包括大量的冗余数据，因此要对数据进行精简。如果不能一次将物体的数据信息全部扫描，就要从各个角度进行多次扫描，再对数据点进行拼接，以形成完整的物体表面点云数据。这些便是点处理阶段对点云数据的处理过程。

Geomagic Studio 的点处理阶段主要是对初始扫描数据进行一系列的预处理，包括去除非连接项、去除体外孤点、采样等处理，从而得到完整的点云数据，可进一步封装成可用的多边形数据模型。其主要思路是：首先导入点云数据进行着色处理来更好地显示点云；然后通过去除非连接项和体外孤点、采样、封装等技术操作，得到高质量的点云或多边形对象。

2）点处理阶段的主要命令

点处理阶段的主要命令在"点"工具栏中，具体包括"采样""修补""联合""封装"四个工具组，如图 4-2-17 所示。

图 4-2-17 "点"工具栏

（1）"采样"工具组。"采样"工具组是指在不移动任何点的情况下减少点的密度，分为"统一""曲率""格栅"和"随机"四种工具。

①"统一"工具：按照指定距离的方式对点云数据进行采样，是最常用的采样方法，同时可以指定模型曲率的保持程度。

②"曲率"工具：按照设定的百分比减少点云数据，同时可以保持点云曲率明显部分的形状。

③"格栅"工具：手动对导入的点云按照点与点的距离进行等距采样，适合于散乱无序的点云数据。

④"随机"工具：用随机的方法对点云进行采样，适用于模型特征比较简单、规则的无序点云数据。

（2）"修补"工具组。"修补"工具组是对点云数据按照一定的方式进行精减。

① "修剪"工具：从对象中删除已选点之外的所有点。

② "删除"工具：从对象中删除所有的选择点。

③ "选择"工具：删除偏离主点云的点集或孤岛。

④ "减少噪声"工具：减少在扫描过程中产生的噪声点数据。噪声点是指模型表面粗糙的、非均匀的外表点云，是扫描过程中由于扫描仪器轻微抖动等原因而产生的。"减少噪声"工具可以使数据平滑，降低模型噪声点的偏差值，在后来封装的时候能够使点云数据统一排布，更好地表现真实的物体形状。

⑤ "着色"工具：点云着色，是为了更加清晰、方便地观察点云的形状。

在"着色"下拉菜单里面还有一个法线命令，该命令分为修复法线和删除法线，使无序的点对象产生所需的法线。

修复法线：对无序的点对象进行处理，使其产生法线、翻转法线、移除不必要的法线。

删除法线：删除裸露在点云之外没有用处的法线。

⑥ "按距离过滤"工具：通过用户定义的间距位置，来选择在距离之内或之外的数据，比如通过坐标系的原点来选择数据。

（3）"联合"工具组。"联合"工具组将同一模型的多个扫描数据合并成一个扫描数据或者一个多边形模型。

① "联合点对象"工具：将多次扫描数据对象合并成一个点对象，同时在"模型管理器"中出现一个合并的点。

② "合并"工具：用于将两个或两个以上的点云数据合并为一个整体，并且自动执行点云减噪、统一采样封装、生成可视化的多边形模型，多用于注册完毕之后的多块点云之间的合并。

提示："联合点对象"工具与"合并"工具的区别在于前者对点云数据处理后仍为点云数据，后者对点云数据处理后就成了多边形数据，即"联合点对象"工具+"封装"工具="合并"工具。

（4）"封装"工具组。"封装"工具组主要是把点云数据转换为多边形模型。

"封装"工具：将围绕点云进行封装计算，使点云数据转换为多边形模型。

3）Geomagic Studio 扫描数据拼接功能

由于物体表面很大或者很复杂，采集物体数据的过程中，扫描设备不能从一个方向和位置采集到物体表面的完整扫描数据，因此需要从不同方向和位置对物体进行多次分区扫描，从而得到物体各个局部扫描数据。然后对各个局部扫描数据进行拼接，拼接时首先在两片数据点云上选择对应的点，当然这些点的选择不一定十分准确，大概位置相同即可，Geomagic Studio 软件根据两数据点云所反映的实物特征进行拼接，以得到物体完整的点云数据，并通过合并操作得到完整的数据模型。在实际操作过程中，操作者可以根据具体情况使用上述方法以达到最佳效果。

扫描数据拼接功能的主要操作命令在菜单栏"对齐"按钮下的"扫描拼接"工具组中，它包含"手动注册""全局注册""探测球体目标""目标注册"和"清除目标"五个工具，如图4-2-18所示。

图4-2-18　"扫描拼接"工具组

①"手动注册"工具：在重合区域内定义公共特征点以允许用户创建两个或多个重合扫描数据的初始拼接。

②"全局注册"工具：对两个或者多个初始拼接后的点对象或多边形对象进行精确拼接。

③"探测球体目标"工具：探测球体中心并创建用于"目标对齐"命令下的点特征。

④"目标注册"工具：根据"探测球体目标"找到的点特征，对齐两个或多点或者多边形对象，在每个对象上至少需要三个目标。

⑤"清除目标"工具：从对象中删除球形或圆柱形注册目标。

2. Geomagic Studio 多边形处理阶段

1) 多边形处理阶段概述

多边形网格化是将预处理过的点云集，用多边形相互连接，形成多边形网格，其实质是数据点与其临近点间的拓扑连接关系以三角形网格的形式反映出来。点云数据集所蕴含的原始物体表面的形状和拓扑结构可以通过三角形网格的拓扑连接揭示出来。

然而，点云在转换为多边形网格后，多边形网格模型的合法性和正确性存在很大的问题，由于点云数据的缺失、噪声、拓扑关系混乱、顶点数据误差、网格化算法缺陷等原因，转换后的网格会出现网格退化、自交、孤立、重叠和孔洞等错误。这些缺陷严重影响网格模型后线处理，如曲面重构、快速原型制造、有限元分析等。

因此多边形处理阶段的工作是修复由于上述原因引起的错误网格，并且通过松弛、去噪、拟合等方式将多边形模型表面进一步优化。经过这一系列的技术处理，从而得到一个理想的多边形数据模型，为多边形高级阶段的处理以及曲面的拟合打下基础。

多边形处理阶段的流程并没有严格的顺序，对于某个具体模型，需要针对该模型的具体问题选择某个操作。常见情况下的流程为修补错误网格、平滑光顺网格表面、填充孔。修复边界/面以及编辑网格命令，要根据模型的具体要求选择是否执行。

2) 多边形处理阶段的主要命令

多边形处理阶段的主要命令包含"修补""平滑""填充孔""联合""偏移""边界""锐化""转换"和"输出"九个工具组，如图4-2-19所示。

如图 4-2-19　多边形处理阶段的主要命令

（1）"修补"工具组。

"修补"工具组包含一系列修复网格命令，以修复点云网格化过程出现的网格错误，"修补"工具组如图 4-2-20 所示。

图 4-2-20　"修补"工具组

"修补"工具组所包含的工具及其功能如下。

①"删除"工具：从对象中删除所选多边形，功能与删除键相同。

②"网格医生"工具：自动检测并修复多边形网格内的缺陷。

提示："网格医生"工具能自动修复网格细微缺陷，可用该工具修复常见错误网格，如钉状物、小孔、非流形等。当模型网格数量较少时，可直接使用"网格医生"工具修复常见错误网格；但当模型网格数量较多时，直接使用"网格医生"工具则会使计算时间过长，此时建议分别使用各自修复命令，直至修复完成，最后使用"网格医生"工具检查是否有遗漏。

③"简化"工具：减少三角形数目，但不影响曲面细节或颜色。

提示：使用"简化"工具会删除模型中的网格，一般情况下不建议使用。通常是通过在点云阶段对点云数量缩减，在封装过程控制面片数量以达到减少网格的效果。

④"裁剪"工具：在对象上叠加一个平面或曲线对象，并移除该对象一侧的所有三角形网格，或在网格与平面的交界处创建一个人工边界。其包含用平面裁剪、用曲线裁剪、用薄片裁剪三种。

用平面裁剪：在对象上叠加一个平面，并移除该平面一侧所有网格，或在交点处创建一个人工边界。

用曲线裁剪：在多边形网格上剪出具有投影修剪曲线形状的部分。

用薄片裁剪：使用二维曲线切割多边形对象，以从多边形对象中切除一个三维块。

⑤"流形"工具：删除非流形三角网格的一组命令。流形三角形是与其他三角形三边相接或两边相接（一边重合）的三角形。"流行"工具包括开流形和闭流形两种。

开流形：从开放的流形对象中删除非流形三角形，该命令将会删除孤立网格。

闭流形：从封闭的流形（体积封闭）对象中删除非流形三角形，在开放的流形对象上，所有三角形均会被视为非流形，并且整个对象会被删除。

⑥"去除特征"工具：删除所选特征，并填充删除后留下的孔。

⑦ "重划网格"工具：包括重划网格、细化和重新封装三个命令。

重划网格：重新封装，产生一个更加统一的三角面。

细化：按用户定义的系数细分多边形，以在对象上或所选区域内增加多边形数目。

重新封装：在多边形对象的所选部分上重建多边形网格。

（2）"平滑"工具组。"平滑"工具组对网格进行平滑操作，消除尖角，使表面更加光顺，如图4-2-21所示。"平滑"工具组所包含的工具及其功能如下。

图 4-2-21 "平滑"工具组

① "松弛"工具：最大限度减少单独多边形之间的角度，使多边形网格更加平滑。

② "删除钉状物"工具：检测并展平多边形网格上的单点尖峰。

③ "减少噪声"工具：将点移至统计的正确位置，以减少噪声（如扫描仪误差）。噪声会使锐边变钝，使平滑曲线变粗糙。

④ "快速光顺"工具：使多边形网格或所选部分网格更加平滑，并使网格大小一致。

⑤ "砂纸"工具：使用自由手绘工具使多边形更加平滑。

（3）"填充孔"工具组。"填充孔"工具组是对孔洞的识别和填充，如图4-2-22所示。"填充孔"工具组所包含的工具及其功能如下。

图 4-2-22 "填充孔"工具组

① "全部填充"工具：自动识别，并填充所筛选的孔。

② "填充单个孔"工具：填充单个孔。

图4-2-22中右上的 "▢▢▢" 图标为填充孔的方式，只有在以上某个填充孔工具激活时才能被选中，其中从左至右分别为曲率、切线和平面。

曲率：指定的新网格必须匹配周围网格的曲率。

切线：指定的新网格必须匹配周围网格的切线。

平面：指定的新网格大致平坦。

图4-2-22中右下的 "▢▢▢" 图标为识别孔的样式，只在"填充单个孔"工具激活时才能被选中，其中从左至右分别为内部孔、边界孔和搭桥。

内部孔：指定填充一个完整开口。单击选择孔的边缘即可填充。

边界孔：在孔的边缘单击一点以指定起始位置，再在孔边缘上单击另一点以指定局部填充的边界，最后单击边界线一侧，以选择填充孔的位置是在边界线的"左侧"或"右侧"。

搭桥：指定一个通过孔的桥梁，以将孔分成可分别填充的孔。使用该功能将复杂的孔划分为更小的孔，以便更精确地进行填充。在孔边缘上单击一点，将其拖至边缘上的另一点，然后松开按键以创建桥梁的一端。当再次松开按键时，桥梁创建成功。

（4）"联合"工具组。"联合"工具组如图4-2-23所示，它所包含的工具及其功能如下。

图4-2-23　"联合"工具组

① "合并"工具：将选择的两个或多个多边形对象合并为单独的复合对象，该命令可自动执行降噪、全局配准与均匀抽样操作，并能将"模型管理器"中产生多边形对象放到名为"合并N"的对象内。

② "曲面片"工具：合并一个已经存在的点云对象或多边形对象到一个新的多边形对象中，使其更好地拟合。

③ "联合"工具：通过两个或多个活动多边形对象创建单独多边形对象。

④ "布尔"工具：生成一个作为两个活动对象的并集或交集，或一个对象减去其与其他对象交集的新对象。

⑤ "平均值"工具：创建一个作为两个或更多原始对象平均值的新活动对象。

（5）"边界"工具组。"边界"工具组如图4-2-24所示，它所包含的工具及其功能如下。

图4-2-24　"边界"工具组

① "修改"工具：在多边形对象上修改边界的命令。"修改"工具包括了编辑边界、松弛边界、创建/拟合孔、直线化边界和相分边界。

编辑边界：使用控制点和张力重建一个人工边界。

松弛边界：松弛多边形网格使自然边界更加平滑。

创建/拟合孔：切出一个完好的孔，将锯齿状孔转化为完好的孔，或调整孔的大小，并创建一个有序的自然边界。

直线化边界：在现有边界线上确定两个点，并选择需要直线化的边界部分，以创建直线边界。

相分边界：沿边界线标记特殊点，使其在编边界时作为端点。

②"创建"工具：在多边形对象上创建人工边界的一组命令。"创建"工具包括了样条边界、选择区边界、多义线边界和折角边界。

样条边界：根据用户控制点布局创建一个样条，并将样条转换为边界。

选择区边界：选择一组多边形周围创建边界。

多义线边界：沿用户选择的顶点路径创建一个边界。

折角边界：在法线相差指定角度或更大角度的每对相邻多边形之间创建边界。

③"移动"工具：移动现有边界的一组命令。"移动"工具包括投影边界到平面、延伸边界和伸出边界。

投影边界到平面：将接近边界的现有三角形拉伸，以将选择的边界投射到用户定义的平面。

延伸边界：按周围曲面提示的方向投射一个选择的自由边界。

伸出边界：将选择的自然边界投射到与其垂直的平面。

④"删除"工具：移除非自然边界的一组命令。"删除"工具包括删除边界、删除全部边界和清除细分点。

删除边界：从对象中删除一个或多个边界。

删除全部边界：清除包括细分边界在内（不包括自然边界）的所有边界。

清除细分点：从选择的三角形区域中移除细分点。

（6）"转换"工具组。"转换"工具组能将多边形对象转换为点云对象，如图4-2-25所示。它所包含的工具及其功能如下。

"转为点"工具：通过移除三角面而保留优先权的点云，转换多边形对象到点云对象。

图4-2-25　"转换"工具组

（7）"输出"工具组。"输出"工具组将数据模型输出到其他软件中再次编辑，如图4-2-26所示。它所含的工具及其功能如下。

"发送到"工具：允许模型数据发送到另一个应用中，以便进一步分析，软件支持将模数据发送到 Spacec Claim Engineer 与 Geomagic Design Direct 中。

图4-2-26　"输出"工具组

任务实施

1. 试说明 Geomagic Studio 点处理阶段的主要操作步骤。

2. 在"填充孔"工具组中，填充孔的方式各是什么？说明其内容。

知识拓展

总结 Geomagic Studio 各处理阶段的流程，并做出流程图。

 项目三

典型零件的实际操作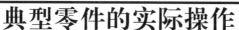

 项目目标

  巩固前二个项目所学内容，将理论知识应用于实践；

  熟悉零件扫描的基本步骤，掌握 Geomagic Studio1 的基本流程及各阶段数据处理的目标。

  掌握点处理及多边形处理阶段的操作方法。熟练掌握倒后镜从点云、片体到实体的操作过程。

 任务列表

学习任务	知识点	能力要求
任务 汽车倒后镜的实际操作	掌握实际操作倒后镜的扫描步骤，掌握选择非连接项、去除体外孤点、删除非连接点云、减少噪声、封装数据的方法	能够熟练操作倒后镜的扫描、点云处理、封装数据及多边形处理过程的整个过程。

任务 汽车倒后镜的实际操作

 任务导入

  在三坐标测量的应用中，逆向建模应用比较广泛。在本任务中，我们以汽车倒后镜为例，实际操作 Geomagic Studio 的基本流程、界面、点阶段处理及多边形处理。

1. 扫描的前期准备工作

扫描的前期准备工作包括喷粉、粘贴标志点、制定扫描策略开始扫描以及标定。

1）喷粉

观察发现该倒后镜表面为红色镜面漆材质，在不喷粉的状态下也可进行扫描，但如果喷涂一层显像剂，则扫描出的点云效果较好，所以我们选择喷一层薄的显像剂，如图 4-3-1 所示。

图 4-3-1　喷粉

2）粘贴标志点

因要求为扫描整体点云，所以需要粘贴标志点，以便进行拼接扫描。

粘贴标志点注意事项如下。

（1）标志点应尽量粘贴在平面区域或者曲率较小的曲面，且距离工件边界较远；

（2）标志点不要粘贴在一条直线上，且不要粘贴对称；

（3）公共标志点至少为 3 个，但考虑到扫描角度等，一般建议 5~7 个为宜；

（4）标志点应使相机在尽可能多的角度可以同时看到；

（5）粘贴标志点要保证扫描策略的顺利实施，并使标志点的长、宽、高均等。

图 4-3-2 中的标志点粘贴方式较为合理，当然还有其他的粘贴方式。

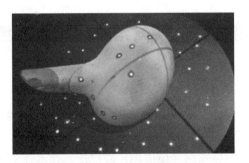

图 4-3-2　较为合理的标志点粘贴方式

3）制定扫描策略开始扫描

观察发现该倒后镜主要扫描位置仅为一个较大曲面，镜框部分内部不需要扫描，所以使用转盘辅助扫描能够节省扫描时间，同时减少贴点数量。

4）标定

标定内容详见模块四中项目一的任务二部分。

2. 扫　描

扫描的操作步骤如下。

（1）新建工程，给工程命名，如"saomiao"，将倒后镜放置到转盘上，确定转盘和倒后镜在十字中间 [见图4-3-3（a）]，尝试旋转转盘一周，在软件最右侧实时显示区域检查，以保证能够扫描完全。观察软件右侧实时显示区域，倒后镜在该区域的亮度，软件

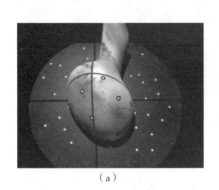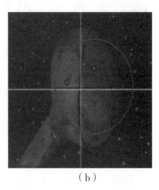

（a）　　　　　　　　　　　　　　（b）

图4-3-3　第一步扫描

（a）转盘和倒后镜在十字中间；（b）两个十字重合

中可以设置相机曝光值，调整到适当数值，并且检查扫描仪到被扫描物体的距离，此距离可以通过软件右侧实时显示区域的白色十字与黑色十字重合确定 [见图4-3-3（b）]，当重合时的距离约为 600 mm 时，点云提取质量最好。所有参数调整好即可单击"扫描操作"按钮，开始第一步扫描，如图4-3-3所示。

（2）转动倒后镜一定的角度，必须保证与上一步扫描有重合部分，这里说的重合是指标志点重合，即上一步和该步同时能够看到4个标志点，如图4-3-4所示。

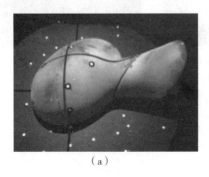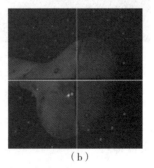

（a）　　　　　　　　　　　　　　（b）

图4-3-4　第二步扫描

（a）转动后视镜一定角度；（b）有重合标志点

（3）与第二步类似，向同一方向继续旋转一定角度，也可以多旋转几个角度来扫描点云，扫描，如图 4-3-5 所示。

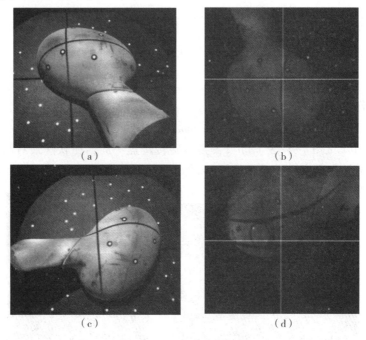

（a）　　　　　　　　　　　　　（b）

（c）　　　　　　　　　　　　　（d）

图 4-3-5　各个方向扫描

（a）继续旋转一定角度；（b）与上一步有重合标志点；（c）再旋转一定角度；（d）与上一步有重合标志点

（4）前面三步扫描完倒后镜的背面数据，下面将倒后镜从转盘上取下，翻过来扫描有镜子的那一面，扫描这一面是为了使镜框边缘倒角位置数据扫描完整，同时能够将安装基座反面扫描完整，如图 4-3-6 所示。

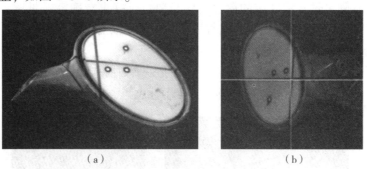

（a）　　　　　　　　　　　　　（b）

图 4-3-6　镜子面扫描

（a）扫描镜子面；（b）有重合标志点

到此为止，扫描工作完成。在软件中单击"模型导出"按钮，将扫描数据另存为 ASC 或者 TXT 格式文件即可。

3. Geomagic Studio 2014 软件进行点云处理

1）开始窗口

Geomagic Studio 2014 如图 4-3-7 所示。

图 4-3-7　Geomagic Studio 的开始窗口

2）鼠标的使用

鼠标键的功能如下：

<MB1>键：选择三角形；

<Ctrl+MB1>组合键：取消选择三角形；

<MB2>键：旋转 29；

<Shift+MB1/MB2>组合键：缩放；

<Alt+MB2>组合键：平移。

3）点处理阶段

点处理阶段的步骤如下。

（1）打开文件。打开扫描保存的"saomiao.txt"或"saomiao.asc"文件，启动 Geomagic Studio 软件，选择菜单"文件"→"打开"命令，系统弹出"打开文件"对话框，查找倒后镜数据文件并选中"saomiao.txt"文件，然后单击"打开"按钮，在工作区显示点云，如图 4-3-8 所示。

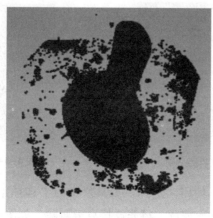

图 4-3-8　倒后镜点云

（2）将点云着色。为了更加清晰、方便的观察点云的形状，将点云进行着色。在菜单栏中选择"点"→"着色点"，图标为 ![icon] 着色后的视图如图4-3-9所示。

图4-3-9　着色后的视图

（3）设置旋转中心。为了更加方便地观察点云的放大、缩小或旋转，需为其设置旋转中心。在操作区域右击，选择"设置旋转中心"命令，并在点云适合位置点击以设置旋转中心。

（4）选择非连接项。在菜单栏中单击"点"→"选择"断开组件连接按钮，图标为"![icon]"，在"模型管理器"中弹出"选择非连接项"对话框。在"分隔"的下拉列表框中选择"低"分隔方式，这样系统会选择在拐角处离主点云很近但不属于主点云的点。"尺寸"为默认值"5.0"，单击上方的"确定"按钮。点云中的非连接项被选中，并呈现红色，如图4-3-10所示。最后选择"点"→"删除"或按下<Delete>键。

（5）去除体外孤点。单击"点"→"选择"→"体外孤点"按钮，在"模型管理器"中弹出"选择体外孤点"对话框，设置"敏感性"为"100"，也可以通过单击右侧的微调按钮增加或减少"敏感性"的值，单击按钮。此时体外孤点被选中，呈现红色，如图4-3-11所示。单击"点"→"删除"或按<Delete>键来删除选中的点（此命令操作2~3次为宜）。

 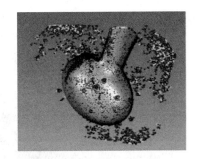

图4-3-10　选择非连接项　　　　　图4-3-11　选中体外孤点

（6）删除非连接点云。使用"选择"工具栏中的"选择工具"![icon]工具，并配合"选择"工具栏中的其他工具一起使用，将非连接点云删除，如图4-3-12所示。

（7）减少噪音。单击"点"→"减少噪音"按钮，在"模型管理器"中弹出"减少

图 4-3-12　删除非连接点云

噪音”对话框。选择“棱柱形（积极）”选项，“平滑度水平”中，将滑块滑到无。“迭代”为“5”，“偏差限制”为“0.2 mm”。选中“预览”选框，定义“预览点”为“3 000”，这代表被封装和预览的点数量。勾选“采样”选项，用鼠标在模型上选择一小块区域来预览。此处我们选中图 4-3-13 中虚线方框内的区域。

　　左右移动“平滑度水平”中的滑标，同时观察预览区域的图像有何变化。图 4-3-13 右侧分别是平滑级别最小（没有平滑时）和平滑级别最大（至于最大值时），以及平滑级别中等（至于中间值时）的预览效果。将“平滑度水平”滑标设置在第二挡上，单击应用按钮，退出该对话框。

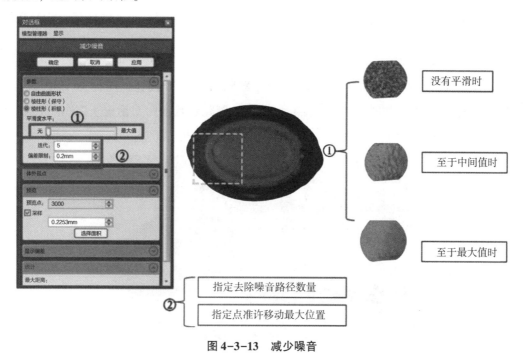

图 4-3-13　减少噪音

　　（8）封装数据。单击“点”→“封装”按钮，图标为“　”，系统会弹出“封装”对话框 [如图 4-3-14（a）所示]，该命令将围绕点云进行封装，使点云数据转换为多边形模型。

· 217 ·

"封装"对话框中的"采样"一栏：通过设置点间距来对点云进行采样。目标三角形的数量可以进行人为设置，目标三角形数量设置得越大，封装之后的多边形网格就越紧密。最下方的滑杆可以调节采样质量的高低，可根据点云数据的实际特性，进行适当的设置。

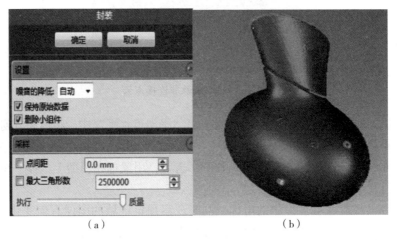

(a)   (b)

图 4-3-14　封装数据

(a)"封装"对话框；(b)封装后模型

(9) 保存数据。单击软件左上角的图标，即"文件"按钮，将文件另存为 STL 文件，文件名为"saomiao"。

4) 多边形处理阶段

(1) 删除钉状物。单击"多边形"→"删除钉状物"按钮，图标为" ✎ "，在"模型管理器"中弹出如图 4-3-15 (a) 所示的"删除钉状物"对话框。"平滑级别"处的滑块在中间位置，单击"应用"按钮，如图 4-3-15 (b) 所示。

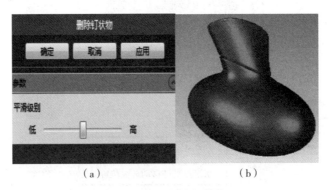

(a)   (b)

图 4-3-15　删除钉状物

(a)"删除钉状物"对话框；(b)删除钉状物后模型

(2) 全部填充。单击"多边形"→"全部填充"按钮，在"模型管理器"中弹出如图 4-3-16 所示的"全部填充"对话框，可以根据孔的类型选择不同的方法进行填充。

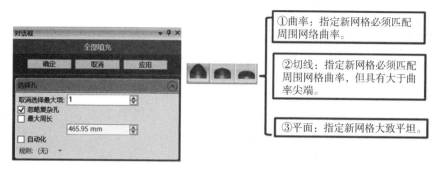

图 4-3-16 填充孔方法

（3）去除特征。去除特征，即删除模型中不规则的三角形区域，并且插入一个更有秩序且与周边三角形连接更好的多边形网格。但必须先手动选择去除特征的区域，然后单击"多边形"→"去除特征"按钮，如图 4-3-17 所示。

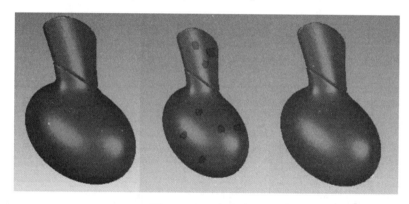

图 4-3-17 去除特征

点云文件最终处理效果如图 4-3-18 所示。

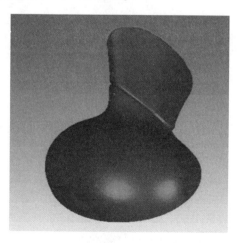

图 4-3-18 点云文件最终处理效果

（4）数据保存。单击软件左上角的图标，即"文件"按钮，将文件另存为 STL 文件。

知识拓展

根据本任务实例来选择一个零件完成扫描、点处理阶段、多边形处理。

任务实施

1. 标志点粘贴的注意事项是什么？
2. 点云处理阶段分几个步骤完成？请具体说明。

参考文献

[1] 李邓化,彭书华,许晓飞. 智能检测技术及仪表 [M]. 2 版. 北京:科学出版社出版,2019.

[2] 王晓方,张福,马春峰,等. 互换性与技术测量 [M]. 北京:中国轻工业出版社,2015.

[3] 马慧萍. 互换性与测量技术基础案例教程 [M]. 北京:机械工业出版社,2016.

[4] 邬建忠. 机械测量技术 [M]. 北京:北京理工大学出版社,2015.

[5] 祝林,任国强,王技德. 机械零部件测绘实训 [M]. 北京:航空工业出版社,2016.

[6] 缪亮. 三坐标测量技术 [M]. 北京:中国劳动社会保障出版社,2017.

[7] 罗晓晔,王慧珍,陈发波. 机械检测技术 [M]. 2 版. 杭州:浙江大学出版社,2015.